全 国 职 业 培 训 推 荐 教 材
人力资源和社会保障部教材办公室评审通过
适合于职业技能短期培训使用

电工电子基础知识
（第二版）

主 编：霍德华　沈　峰

中国劳动社会保障出版社

图书在版编目(CIP)数据

电工电子基础知识/霍德华,沈峰主编. —2 版. —北京:中国劳动社会保障出版社,2014

职业技能短期培训教材

ISBN 978 - 7 - 5167 - 1313 - 6

Ⅰ.①电… Ⅱ.①霍…②沈… Ⅲ.①电工技术-技术培训-教材②电子技术-技术培训-教材 Ⅳ.①TM②TN

中国版本图书馆 CIP 数据核字(2014)第 167852 号

中国劳动社会保障出版社出版发行

(北京市惠新东街 1 号 邮政编码:100029)

*

中国标准出版社秦皇岛印刷厂印刷装订   新华书店经销

850 毫米×1168 毫米 32 开本 5.375 印张 130 千字

2014 年 8 月第 2 版   2023 年 7 月第 11 次印刷

定价:10.00 元

营销中心电话:400-606-6496

出版社网址:http://www.class.com.cn

前言

　　职业技能培训是提高劳动者知识与技能水平、增强劳动者就业能力的有效措施。职业技能短期培训，能够在短期内使受培训者掌握一门技能，达到上岗要求，顺利实现就业。

　　为了适应开展职业技能短期培训的需要，促进短期培训向规范化发展，提高培训质量，中国劳动社会保障出版社组织编写了职业技能短期培训系列教材，涉及二产和三产百余种职业（工种）。在组织编写教材的过程中，以相应职业（工种）的国家职业标准和岗位要求为依据，并力求使教材具有以下特点：

　　短。教材适合 15～30 天的短期培训，在较短的时间内，让受培训者掌握一种技能，从而实现就业。

　　薄。教材厚度薄，字数一般在 10 万字左右。教材中只讲述必要的知识和技能，不详细介绍有关的理论，避免多而全，强调有用和实用，从而将最有效的技能传授给受培训者。

　　易。内容通俗，图文并茂，容易学习和掌握。教材以技能操作和技能培养为主线，用图文相结合的方式，通过实例，一步步地介绍各项操作技能，便于学习、理解和对照操作。

　　这套教材适合于各级各类职业学校、职业培训机构在开展职业技能短期培训时使用。欢迎职业学校、培训机构和读者对教材中存在的不足之处提出宝贵意见和建议。

人力资源和社会保障部教材办公室

使用说明

在职业技能短期培训中，某些专业的相近工种、岗位需要从业人员掌握相应的专业基础知识，而这些公共性的专业基础知识编写在技能培训教材中，既不便于讲深讲透，又与技能培训教材的模块化结构不相适应。为此，中国劳动社会保障出版社组织编写了职业技能短期培训的公共专业基础课教材。

本书内容为电工电子类、机电制造与维修类工种职业技能短期培训公共性基础知识，包括：直流电路基本知识、电磁的基本知识、交流电路基本知识、电动机与变压器、常用低压电器及电动机基本控制电路、电子技术基本知识等。

本书语言通俗易懂，图文并茂，实用性强。各单元配有练习题，便于学员复习和检验学习效果自检。

本书由霍德华、沈峰主编，付丽、丁文涛、伊汝悦、王志红参编，梁东晓主审。本书的编写得到了辽宁省人力资源和社会保障厅的大力支持，在此表示衷心的感谢。

目录

第一单元　直流电路基本知识 ……………………………（ 1 ）

模块一　电路的基本物理量 ……………………………（ 1 ）

模块二　欧姆定律 ……………………………………（ 5 ）

模块三　电阻的连接 …………………………………（ 6 ）

模块四　电功及电功率 ………………………………（ 10 ）

练习题 …………………………………………………（ 12 ）

第二单元　电磁基本知识 ……………………………（ 17 ）

模块一　电流的磁场 …………………………………（ 17 ）

模块二　磁场对电流的作用 …………………………（ 19 ）

模块三　电磁感应 ……………………………………（ 21 ）

练习题 …………………………………………………（ 29 ）

第三单元　交流电路的基本知识 ……………………（ 33 ）

模块一　交流电的基本概念 …………………………（ 33 ）

模块二　单相交流电路 ………………………………（ 41 ）

模块三　三相交流电路 ………………………………（ 55 ）

练习题 …………………………………………………（ 60 ）

第四单元　电动机与变压器 …………………………（ 64 ）

模块一　三相异步电动机 ……………………………（ 64 ）

模块二　变压器 ………………………………………（ 70 ）

练习题 …………………………………………………（ 75 ）

第五单元　常用低压电器及电动机基本控制电路 ……… （79）

　模块一　常用低压电器 ………………………… （79）

　模块二　三相异步电动机的控制电路 ………… （100）

　练习题 …………………………………………… （110）

第六单元　电子技术基础 ………………………… （116）

　模块一　晶体二极管及整流电路 ……………… （116）

　模块二　硅稳压管及稳压电路 ………………… （125）

　模块三　晶体三极管 …………………………… （128）

　模块四　晶闸管基本知识 ……………………… （136）

　模块五　简单逻辑电路 ………………………… （141）

　练习题 …………………………………………… （149）

单元练习题参考答案 ……………………………… （154）

第一单元　直流电路基本知识

模块一　电路的基本物理量

一、电路

1. 电路及电路图

电流流过的路径称为电路。如图1—1a所示为一个简单电路的接线图。将电路中的元件或设备用国家标准统一规定的符号画成的图就是电路图，如图1—1b所示。用国家标准统一规定的符号来表示电路中的元件或设备及其连接情况的图称为电路图。

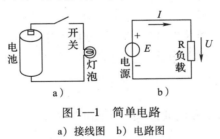

图1—1　简单电路

a) 接线图　b) 电路图

2. 电路的组成

最基本的电路由电源、负载、开关、导线组成。

电源是把其他形式的能转化成电能的装置。常见的电源有发电机、干电池等。

负载是把电能转化成其他形式的能的装置。如灯泡、电动机等用电设备。

开关是接通或断开电路的控制元件。

导线的作用是把电路元件连接起来，构成一个通路。开关和导线又称为中间环节。

3. 电路的三种状态

通路：通路状态是电路中的开关闭合形成闭合回路，负载中有电流流过。

断路：断路状态是电路中某处断开，电路不闭合，电路中无电流。

短路：短路状态是电源未经负载直接连成回路。短路时电流很大，对电流线路有损害，应避免短路的发生。在电路中应安装熔断器等保护元件防止出现短路。

二、电路中的基本物理量

1. 电流

电路中，带电粒子在电源作用下定向移动形成电流。形成电流的带电粒子可以是正电荷，也可以是负电荷或者两者兼有的定向移动。

电流方向：规定正电荷定向移动的方向为电流方向。

电流强度：单位时间通过某一截面的电荷量，用 I 表示。

电荷量：时间与电流强度的关系。

$$I = \frac{Q}{t}$$

式中 Q——在 t 秒内通过某一截面的电荷量。

电流强度的单位：安培（A）。常用的还有毫安（mA），微安（μA）等。1 A $= 10^3$ mA $= 10^6$ μA

2. 电压与电位

（1）电压又称为电位差，是衡量电场力做功本领大小的物理量。把正电荷 Q 从 A 点移到 B 点，电场力所做的功为 W_{AB}，则功与正电荷的电荷量 Q 的比值称为两点间的电压 U_{AB}。

$$U_{AB} = \frac{W_{AB}}{Q}$$

电压的单位：伏特（V）。常用的还有千伏（kV）、毫伏（mV）、微伏（μV）等。1 kV = 10^3 V = 10^6 mV = 10^9 μV

电压的方向：电压和电流一样，不仅有大小，而且还有方向。对于负载来说，规定电流流进端为正，流出端为负。

在电压的方向未知时，可以任意假定方向，最后根据计算结果的正负来确定电压的实际方向。

（2）电位。在实际中，通常需要选某一点为参考点，这样电路中某点与参考点之间的电压就称为该点的电位。参考点的电位规定为零，一般都选大地为参考点，即视为大地的电位为零电位。

电位的表示符号为 V，带单下角标。如 V_A 表示 A 点的电位。零电位的符号：⊥ 或 ⊥。

3．电动势

电动势是衡量电源将非电能转换成电能本领大小的物理量。

电动势的计算定义：在电源内部，外力将单位正电荷从电源的负极移动到正极所做的功。

电动势的计算公式：$E = \dfrac{W}{Q}$

式中　E——电动势；

　　　W——外力将电荷从电源的负极移动到正极所做的功；

　　　Q——电荷的电量。

电动势的计算单位：伏特（V）。

电动势的方向：规定在电源内部由负极指向正极。

一个电源，既有电动势，又有端电压。电动势仅存在于电源内部，端电压是电源加在外电路两端的电压，其方向是由正极指向负极。

4．电阻

导体对电流的阻碍作用称为电阻，用符号 R 表示。

电阻的单位：欧姆（Ω）。常用的还有千欧（kΩ）、兆欧

（MΩ）等。1 Ω = 10^{-3} kΩ = 10^{-6} MΩ。

影响电阻阻值大小的因素：在一定温度下，一段均匀导体的电阻与导体的长度成正比，与导体的截面积成反比，与导体的材料有关。

$$R = \rho \frac{L}{S}$$

式中　ρ——导体的电阻率，Ω·m；

　　　L——导体的长度，m；

　　　S——导体的截面积，m^2。

电阻率等于单位长度、单位截面积某种物质的电阻。电阻率越小，导体的导电性能越好。表1—1 为几种材料在20℃时的电阻率。

表1—1　　　　　几种材料在20℃时的电阻率

材料		电阻率/Ω·m	主要用途
纯金属	银	1.6×10^{-8}	导线镀银
	铜	1.7×10^{-8}	各种导线
	铝	2.8×10^{-8}	各种导线
	钨	5.5×10^{-8}	电灯灯丝、电器触点
	铁	9.8×10^{-8}	电工材料
合金	锰铜	4.4×10^{-7}	标准电阻、滑线变阻器
	康铜	5.0×10^{-7}	标准电阻、滑线变阻器
	铝铬铁电阻丝	1.2×10^{-6}	电炉丝
半导体	硒、硅、锗	$10^{-4} \sim 10^7$	制造各种二极管晶体管、晶闸管等
绝缘体	电木、塑料	$10^{10} \sim 10^{14}$	电器外壳、绝缘支架
	橡胶	$10^{13} \sim 10^{16}$	绝缘手套、绝缘鞋、绝缘垫

模块二　欧姆定律

一、部分电路欧姆定律

部分电路欧姆定律的内容是：导体中的电流跟导体两端的电压成正比，跟导体的电阻成反比。用公式表示为：

$$I = \frac{U}{R}$$

欧姆定律揭示了 I、U、R 三者之间的关系，是电路分析的基本定律之一。

二、全电路欧姆定律

图 1—2 所示为一个简单的全电路。全电路欧姆定律是研究闭合电路中，电流、电压和电源电动势之间的关系的定律。全电路欧姆定律为：在全电路中，电流与电源的电动势成正比，与整个电路的电阻成反比。

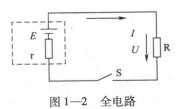

图 1—2　全电路

全电路欧姆定律用表达式表示如下：

$$I = \frac{E}{R + r}$$

式中　I——电路中的电流，A；

　　　E——电源电动势，V；

　　　R——外电路的负载电阻，Ω；

　　　r——电源内阻，Ω。

上式可写为：$E = IR + Ir$

式中　IR——电源的端电压，即外电路上的电压降；

　　　Ir——电源内阻上的压降，即内电路上的电压降。

全电路欧姆定律的另一种表述为：电源的电动势在数值上等于闭合电路中的内、外电路电压降之和。

模块三　电阻的连接

一、电阻串联的特点

1．电阻串联的特点

电阻串联电路如图1—3所示。

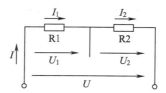

图1—3　电阻串联电路

（1）串联电路中电流的特点。串联电路中，流过各个电阻的电流都相等，即：

$$I = I_1 = I_2 = \cdots = I_n$$

（2）串联电路中电压的特点。串联电路中，总电压等于加在各个电阻上的电压之和，即：

$$U = U_1 + U_2 + \cdots + U_n$$

（3）串联电路中电阻的特点。串联电路的总电阻等于各个电阻的电阻值之和，即：

$$R = R_1 + R_2 + \cdots + R_n$$

（4）串联电路中电压分配的特点。串联电路中每个电阻上的电压与电阻的阻值成正比，即：

$$\frac{U_1}{R_1} = \frac{U_2}{R_2} = \cdots = \frac{U_n}{R_n} = \frac{U}{R} = I$$

上式表明在串联电路中，电阻的阻值越大，这个电阻分配到的电压越多；反之，则电阻分配到的电压越少。

若已知两个电阻串联电路的总电压为 U，电阻值为 R_1、R_2，则可推出：

$$U_1 = \frac{R_1}{R_1 + R_2} U$$

$$U_2 = \frac{R_2}{R_1 + R_2} U$$

上式就是电阻分压器的原理。

2．电阻串联的应用

（1）用几个电阻串联，可获得较大的电阻。

（2）分压器。图1—4 所示为电阻分压器电路。

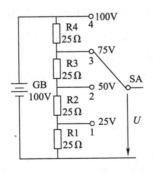

图1—4　电阻分压器电路

（3）当负载的额定电压小于电源电压时，可用串联方法将负载接入电路。

（4）限制和调节电路中的电流大小。

（5）扩大电压表的量程。是对串联分压原理的一种应用。

【例1—1】　图1—5所示是一个万用表的表头，表头内阻 $R_a = 10\ k\Omega$，满刻度电流（即允许通过的最大电流）$I_a = 50\ \mu A$，若改装成量程（即测量范围）为 10 V 的电压表，则应串联多大的电阻？

$$R_x = \frac{U_x}{I_x} = \frac{U - I_a \cdot R_a}{I - I_a}$$

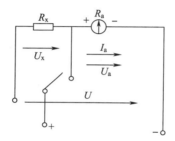

图1—5　例1—1题图

解： 按照题意，当表头满刻度时，表头两端电压为 U_a，则：

$$U_a = I_a R_a = 50 \times 10^{-6} \times 10 \times 10^3 = 0.5\ （V）$$

显然，用这个表头测量大于 0.5 V 的电压会使表头烧坏，需要串联分压电阻，以扩大测量范围。设量程扩大到 10 V 需要串入的电阻为 R_x，则：

$$R_x = \frac{U_x}{I_x} = \frac{U - U_a}{I_a} = \frac{10 - 0.5}{50 \times 10^{-6}} = 190\ （k\Omega）$$

二、电阻并联的特点

1. 电阻并联的特点

（1）并联电路中电压的特点。并联电路中，各电阻两端的电压相等，且等于电路两端的总电压，如图1—6所示。

$$U = U_1 = U_2 = \cdots = U_n$$

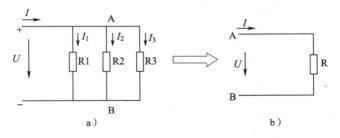

图1—6　电阻的并联电路

a) 三个电阻的并联电路　b) 等效电路

（2）并联电路中电流的特点。并联电路的总电流等于流过各电阻的电流之和。

$$I = I_1 + I_2 + \cdots + I_n$$

（3）并联电路中电阻的特点。并联电路的总电阻的倒数等于各并联电阻的倒数之和。

$$\frac{1}{R} = \frac{1}{R_1} + \frac{1}{R_2} + \cdots + \frac{1}{R_n}$$

两个电阻并联：$R = \dfrac{R_1 \cdot R_2}{R_1 + R_2}$

几个相同的电阻并联：$R = \dfrac{R_0}{n}$，R_0 为一个并联电阻的阻值。

（4）并联电路中电流的分配。每个电阻分配到的电流与电阻成反比。

$$I_1 R_1 = I_2 R_2 = \cdots = I_n R_n = U$$

两个电阻并联：$I_1 = \dfrac{R_2}{R_1 + R_2} I$　$I_2 = \dfrac{R_1}{R_1 + R_2} I$

2．电阻并联的应用

（1）额定工作电压相同的负载都采用并联的工作方式。如各种照明线路，工厂中的电动机、电炉，均采用并联电路。

（2）获得较小的电阻。

（3）扩大电流表的量程。

三、电阻混联的特点

在一个电路中，既有电阻的串联，又有电阻的并联，这种连接方式称为混合连接，简称混联。

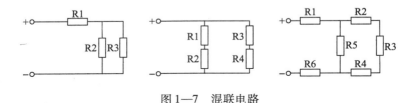

图 1—7　混联电路

混联经过化简可以转化为简单的串联和并联。

模块四　电功及电功率

一、电功

电流流过负载时，负载将电能转换成其他形式的能（如热能、磁能、机械能等），这个过程称作电流做功，简称电功，用符号 W 表示。

由 $I = \dfrac{Q}{t}$，$U = \dfrac{W}{Q}$ 及 $I = \dfrac{U}{R}$ 可得：

$$W = QU = UIt = I^2Rt = \frac{U^2}{R}t$$

式中　W——电功，J（焦耳）；

I——电流，A；

U——电压，V；

R——电阻，Ω。

在实际工作中，电功的单位除焦耳外，还常用千瓦·小时（kW·h），也称"度"。1 kW·h = 3.6 × 10⁶ J。

二、电功率

不同的用电器，在相同的时间里，用电量是不同的，即电流做功快慢是不一样的。电功率是描述电流做功快慢的物理量，其定义为：电流在单位时间内所做的功，称为电功率，用符号 P 表示。

电功率的计算公式：

$$P = \frac{W}{t}$$

电功率的单位：瓦［特］（W）。1 W = 1 焦耳/秒（J/s）。

实际工作中常用的电功率单位还有千瓦（kW）和毫瓦（mW）等。1 kW = 10^3 W = 10^6 mW

对于电阻电路：

$$P = IU = I^2R = \frac{U^2}{R}$$

由上式可知：

（1）当负载电阻一定时，电功率与电流的平方或电压的平方成正比。

（2）当流过负载的电流一定时，电功率与电阻的阻值成正比。由于串联电路电流大小处处相等，则串联电阻的功率与各电阻的阻值成正比。

（3）当加在负载两端的电压一定时，电功率与电阻的阻值成反比。因为并联电路各电阻两端的电压相等，所以各电阻的功率与各电阻的阻值成反比。

三、电流的热效应

电流经过导体使导体发热的现象，叫作电流的热效应。电流的热效应是电流通过导体时电能转换成热能的效应。

实验证明：电流通过某段导体时所产生的热量与电流的平方、导体的电阻及通电时间成正比，这一规律称为焦耳定律。表达式为：

$$Q = I^2Rt$$

式中 Q——电流通过导体时产生的热量，J；

　　　　I——通过导体的电流，A；

R——导体的电阻，Ω；

t——电流通过导体的时间，s。

电流的热效应有利也有弊。利用热效应可以制成各种用电器，如电灯、电烤箱、电热器等。同时，热效应也会使导体发热，使电气设备温度升高，加速绝缘材料的老化，导致导线漏电或短路，严重时甚至可能烧毁电气设备。

四、负载的额定值

为保证电气元件和电气设备能长期安全工作，通常都规定一个最高的工作温度。工作温度与电流的热效应有关，由电功率决定。电气设备和电气元件安全工作所允许的最大电流、最大电压和电功率分别称为额定电流、额定电压和额定功率。

一般电气元件的额定值都标在明显位置，如电气设备额定值都标在设备外壳的铭牌上，因此额定值又称为铭牌数据。例如：一只额定电压为 220 V，额定功率为 40 W 的灯泡，接到 220 V 电源上，它的实际功率是 40 W，正常发光。当实际电压低于 220 V 时，40 W 的灯泡不能正常发光，比正常时暗淡；当实际电压高于 220 V 时，灯泡不能正常发光，特别亮，实际功率大于 40 W，容易烧坏灯泡。只有当实际电压等于额定电压时，用电设备才能长期、安全、可靠地运行。

电气设备及电气元件在额定功率下的工作状态称为额定工作状态，也称满载；低于额定功率的工作状态叫轻载；高于额定功率的工作状态叫超载或过载。一般不允许过载，一般预防的方法为安装熔断器或热继电器。

练 习 题

一、填空题（将正确答案写在横线上）

1. 电流流过的_____称为电路。

2. 一般电路由_____、_____、_____和_____组成。电路通常有_____、_____和_____三种状态。

3. 一盏电灯中，通过的电流强度是 100 mA，5 min 通过它的电荷量是_____。

4. 电压的方向规定为由_____电位指向_____电位。

5. 电动势的方向是由电源的_____极指向_____极，电动势的量值指的是_____的数值。

6. 电流通过导体时_____称为电流的热效应。

7. 某导体两端的电压为 3 V，通过导体的电流为 0.5 A，导体的电阻为_____。

8. 串联电路的特点是_____、_____、_____。

9. 并联电路的特点是_____、_____、_____。

10. 一只 500 Ω 电阻与一只 3 kΩ 电阻串联，其总电阻等于_____Ω。

11. 两只 200 Ω 与一只 100 Ω 电阻并联，其总电阻等于_____Ω。

12. 电流在_____内所做的功称为电功率，它的符号是_____，单位是_____，常见的电功率计算公式有_____、_____及_____。

13. 某导体的电阻是 1 Ω，通过它的电流是 1 A，那么在 1 min 内通过导体横截面的电荷量是_____，电流做的功是_____，它消耗的功率是_____。

14. 有电阻 R_1 和 R_2，且 $R_1:R_2 = 1:4$，如果它们在电路中是串联，则电阻上的电压比 $U_1:U_2 = $_____，它们消耗的功率比 $P_1:P_2 = $_____，电阻上的电流比 $I_1:I_2 = $_____。若将它们并联在电路中，则 $U_1:U_2 = $_____，$I_1:I_2 = $_____，$P_1:P_2$

= _____。

15. 灯 A 标明"220 V，100 W"，灯 B 标明"220 V，40 W"，将它们串联在 220 V 的电压下，灯 A 两端电压是_____，灯 B 两端电压是_____，灯 B 消耗的功率是灯 A 的_____倍。

二、判断题（正确的画"√"，错误的画"×"）

1. 电路中参考点改变，各点的电位数值也将改变。（　）

2. 在电路中，没有电压就没有电流，有电压就一定有电流。（　）

3. 有两个电阻 R1 和 R2，已知 $R_1 = 2R_2$，若把它们串联在电路中，则 R1 比 R2 放出的热量大。（　）

4. 电阻大的导体，电阻率一定大。（　）

5. 当 1 A 的电流通过某一段导体时，其电阻的大小为 8 Ω。因此，当 2 A 的电流通过该导体时，其电阻的大小为 4 Ω。（　）

6. 可以用串联电阻的方法扩大电流表的量程。（　）

7. 在电路中，如果流过两电阻的电流相等，这两电阻一定是串联。（　）

8. 电路中电源内部电流不一定是由负极流向正极。（　）

9. 串联电阻消耗的功率与各电阻阻值成正比。（　）

10. 电源电动势与端电压相等。（　）

11. 在电路闭合状态下，负载电阻增大，电源端电压就下降。（　）

12. 短路状态下，短路电流很大，电源端电压也很大。（　）

三、选择题（将正确答案的代号写在括号内）

1. C/s（　）电流的单位。

A. 是　　　　B. 不是　　　　C. 不能确定是不是

2. 两根铜丝的质量相等，其中甲的长度是乙的 10 倍，则甲的电阻是乙的（　　）倍。

A. 10　　　　B. 100　　　　C. 1　　　　D. $\frac{1}{100}$

3. 一只伏特表的量程为 2 V，内阻为 2 kΩ，现将其量程扩大到 10 V，则串联的分压电阻应为（　　）。

A. 500 Ω　　B. 8 kΩ　　C. 0.002 Ω　　D. 10 kΩ

4. 1 kW·h 电可供 "220 V，40 W" 灯泡正常发光的时间是（　　）小时。

A. 20　　　　B. 40　　　　C. 45　　　　D. 25

5. 有额定值分别为 "220 V，100 W" 和 "220 V，60 W" 的两只灯泡串联后接在 220 V 线路上，则（　　）。

A. 100 W 灯较亮　　B. 60 W 灯较亮　　C. 两灯一样亮

6. 现有 "220 V，40 W" "110 V，40 W" "36 V，40 W" 三个灯泡，分别在额定电压下工作，则（　　）。

A. "220 V，40 W" 灯泡最亮

B. "110 V，40 W" 灯泡最亮

C. "36 V，40 W" 灯泡最亮

D. 一样亮

7. 标明 "100 Ω、4 W" 和 "100 Ω、25 W" 的两个电阻串联时，允许加的最大电压是（　　）V。

A. 40　　　　B. 100　　　　C. 140

四、计算题

1. 已知条件如题图 1—1 所示：（1）以 A 点为参考点，试求各点电位；（2）以 B 点为参考点，试求各点电位。

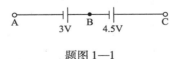

题图 1—1

2. 导体两端电压为 4 V，在 2.3 min 内通过该导体某一截面

的电荷量是 27.6 C，试求该导体的电阻。

3. 有一个测量仪表，量程为 500 μA，内阻为 200 Ω，要把它改成量程为 1.5 mA 的电流表，应如何办？试画出电路图，并求出分流电阻的阻值。

4. 有一个表头，量程为 100 μA，内阻 $R_g = 1\ \mathrm{k\Omega}$，如果把它改装成为一个量程分别为 3 V、30 V、300 V 的多量程伏特表（见题图 1—2），试计算 R_1、R_2、R_3 的阻值。

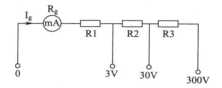

题图 1—2

5. 如题图 1—3 所示，$R_1 = 8\ \Omega$，$R_2 = 3\ \Omega$，$R_3 = 6\ \Omega$，$R_4 = 10\ \Omega$，$R_0 = 1\ \Omega$，$E = 6\ \mathrm{V}$，试求 U_{AB}。

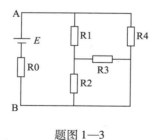

题图 1—3

第二单元　电磁基本知识

模块一　电流的磁场

一、磁的基本知识

1．磁体与磁极

（1）磁性。人们把能够吸引铁、钴、镍等金属及其合金的性质称为磁性。

（2）磁体。具有磁性的物体称为磁体（也称磁铁）。

（3）磁极。磁体两端磁性最强的部分称为磁极。若将悬吊的磁针转动，待静止时发现它停在南北方向。通常把指向南端的磁极称为南极，用 S 表示；指向北端的磁极称为北极，用 N 表示。

（4）磁极的性质。同性磁极互相排斥，异性磁极互相吸引。磁极总是成对出现的。

2．磁场与磁感线

（1）磁力。磁极间的相互作用说明在磁极周围存在着力，这种力称为磁力。

（2）磁场。磁力存在的空间称为磁场，磁场是一种特殊的物质，具有力和能量的性质。

（3）磁感线。为了描述磁场的分布情况而引入的一种假想线。

（4）磁感线的特点

1）磁感线为互不交叉的闭合曲线，在磁体外部由 N 极指向 S 极；在磁体内部，由 S 极指向 N 极。如图 2—1 所示。

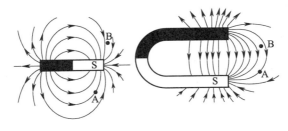

图 2—1 磁感线

2）磁感线上任意一点的切线方向，就是该点磁场的方向。

3）磁感线的疏密程度反映磁场的强弱。磁感线越密，磁场越强，磁感线越疏，磁场越弱。

二、电流产生的磁场

电流周围存在着磁场，电流越大，它产生的磁场越强。

电流产生的磁场的方向可用安培定则来判定（又称右手螺旋定则）一般分为两种情况：直导线与环形电流。

1．直线电流产生的磁场

用右手握住通电直导线，拇指指向电流方向，则弯曲四指所指的方向就是磁感线的环绕方向，如图 2—2 所示。

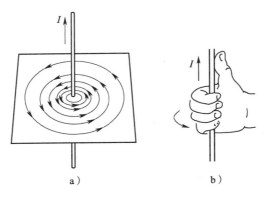

a）   b）

图 2—2 直线电流产生的磁场

a）磁感线分布 b）安培定则

2. 环形电流产生的磁场。

用右手握住螺线管，弯曲四指指向电流方向，则拇指的指向就是螺线管的 N 极，如图 2—3 所示。

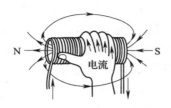

图 2—3　环形电流产生的磁场

模块二　磁场对电流的作用

一、磁场对通电直导线的作用

磁场对放入其中的带电导体会产生作用力，这种力称为电磁力（或安培力）。

如图 2—4 所示，在马蹄形磁铁两极中间悬挂一根直导体，使其垂直于磁感线。导体通电后会立即运动，改变导体中电流的方向，其运动方向相反。

实验证明：在匀强磁场中，电磁力 F 的大小与磁感应强度 B，导体中的电流 I，导体在磁场中的有效长度 L 及导体与磁感线之间的夹角的正弦量成正比，即：

$$F = BIL\sin\alpha$$

式中　F——导体受到的电磁力，N；

　　　B——均匀磁场的磁感应强度，T
　　　　　（特斯拉）；

　　　I——导体中的电流，A；

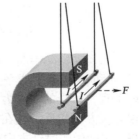

图 2—4　磁场对通电直导线的作用

L——导体在磁场中的有效长度，m；

α——电流方向与磁感线的夹角。

导体受力方向用左手定则来判定：将左手伸平，拇指与四指垂直并在同一平面内，使磁感线垂直穿过掌心，四指指向电流方向，则拇指所指方向为导体受力方向，如图2—5所示。

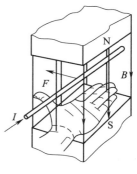

图2—5　左手定则

二、磁场对通电线圈的作用

在均匀磁场中放置一个可以转动的矩形线圈 $adcb$，如图2—6所示。

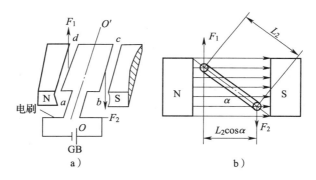

图2—6　磁场对通电线圈的作用

已知 $ad = bc = L_1$，$ab = cd = L_2$，线圈平面与磁感线平行，由于 ab 和 cd 与磁感线平行，所受的电磁力为零，ad 和 bc 与磁感线垂直，所受的电磁力最大，两边所受的电磁力 F_1 和 F_2，大小相等，方向相反，且在一条直线上，因而形成一对力偶，使线圈绕 OO' 轴做顺时针方向旋转。

综上所述，把通电线圈放在磁场中，磁场将对其产生电磁转矩，使线圈绕轴旋转。常用的电工仪表（如电流表、电压表、万用表等）指针的偏转、电动机的旋转都是利用这个原理。

三、磁通与磁感应强度

人们为了能定量地描述磁场在空间的分布情况引入了磁通的概念。

磁通量：通过与磁场垂直的某一面积上的磁感线的总数称为通过该面积的磁通量，简称磁通，用 Φ 表示，单位是韦［伯］（Wb）。

磁感应强度的定义：垂直通过单位面积的磁感线数称为该点的磁感应强度。也可表示为单位面积的磁通，用 B 表示，单位是特斯拉（T）。

在均匀磁场中：

$$B = \frac{\Phi}{S}$$

式中　B——磁感应强度，T；

　　　Φ——磁通，Wb；

　　　S——磁感线垂直通过的面积，m^2。

磁感应强度是个矢量，磁力线上某点的切线方向就是该点的磁感应强度方向，若磁场中各点磁感应强度的大小相等，方向相同，则该磁场叫均匀磁场。用符号 $\otimes$ 和 $\odot$ 分别表示磁感线垂直穿入和穿出纸面的方向。

模块三　电　磁　感　应

一、电磁感应现象

1831 年，英国科学家法拉第发现了电磁感应（或磁能产生电）的规律——电磁感应定律，科学界称之为电磁感应。电磁感应进一步说明了电磁不可分割的关系。

如图 2—7 所示，均匀磁场中放置一根导体，两端连接一个检流计 PG，当导体垂直于磁感线做切割运动时，检流计的指针发生偏转，说明此时回路中有电流存在；当导体平行于磁感线方向运动时，检流计指针不发生偏转，说明此时回路中无电流存在。

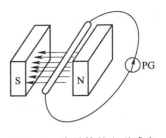

如图 2—8 所示，在线圈两端接 图 2—7 直导体的电磁感应

上检流计构成回路，当磁铁插入线圈时，检流计指针发生偏转；磁铁不动时，检流计不偏转；将磁铁迅速由线圈中拔出时，检流计指针又向另一个方向偏转。

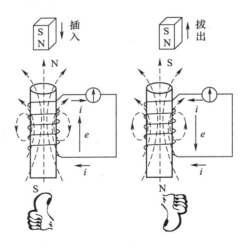

图 2—8 磁铁在线圈中运动

上述关系说明：当导体切割磁感线或线圈中磁通发生变化时，在直导体或线圈中都会产生感应电动势；若导体和线圈形成电流通路，就会有感应电流。这种由切割磁感线或在线圈中磁通量发生变化而产生电动势的现象，称为电磁感应现象。而由电磁感应产生的电动势称为感应电动势，简称感应电势，由感应电动势产生的电流称为感应电流或感生电流。由以上分析可知，产生

电磁感应的条件是：一种是导体与磁场之间发生的相对切割运动，另一种是线圈中的磁通量发生变化。

二、直导体中的感应电动势

1. 感应电动势的方向

直导体中的感应电动势的方向可用右手定则来判断。如图2—9所示，伸出右手，让拇指与其余四指垂直并在同一平面内，使磁感线垂直穿过掌心，拇指指向切割运动方向，则其余四指的指向就是感应电动势的方向（从低电位指向高电位）。

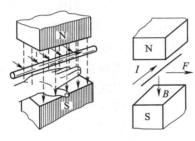

图2—9　右手定则

需要注意的是：判断感应电动势方向时，要把导体看成是一个电源，在导体内部，感应电动势的方向由负极指向正极，感应电流的方向与感应电动势的方向相同。如果当直导体不形成闭合回路时，导体中只产生电动势，不产生感应电流。

2. 感应电动势的大小

由图2—7所示电路中可以看出，导体与磁场相对运动而产生的感应电动势的大小，不但与导体在磁场中的运动方向有关，而且还与导体的运动速度有关。直导体中感应电动势的大小为：

$$e = BLv\sin\alpha$$

式中　e——感应电动势，V；

　　　B——磁感应强度，T；

　　　L——导体在磁场中的有效长度，m；

v——导体的运动速度，m/s；

α——导体运动方向与磁场方向的夹角。

当导体垂直磁感线方向运动时，$\alpha = \dfrac{\pi}{2}$，$\sin \dfrac{\pi}{2} = 1$，感应电动势最大为：

$$e = BLv$$

三、线圈中的感应电动势

1. 感应电动势的方向

线圈中的磁通量发生变化时，线圈中就会产生感应电动势。感应电动势的方向可用楞次定律和右手螺旋定则来确定。

试验证明：感应电流产生的磁通总是企图阻碍原磁通的变化。也就是说，当线圈中的磁通量要增加时，感应电流就会产生一个磁通去阻碍它增加；当线圈中的磁通量要减少时，感应电流就会产生一个磁通去阻碍它减少。这里，要注意感应电流产生的磁通总是企图阻碍原磁通的变化，而不是阻碍原磁通存在，或者说感应电流产生的磁通方向不总是和原有的磁通方向相反。如果线圈中的磁通量要减少，则感应电流产生的磁通方向与线圈中原磁通方向一致；如果线圈中的磁通量要增加，则感应电流产生的磁通方向与线圈中原磁通方向相反；如果线圈中原来的磁通量不变，则感应电流为零。总之，感应电流的方向，总是要使感应电流的磁场阻碍引起感应电流的磁通的变化，这就是楞次定律。

利用楞次定律判断感应电动势和感应电流的方向，具体步骤如下：

（1）确定原磁通的方向及其变化趋势（增加或减少）。

（2）由楞次定律确定感应电流的磁通方向是与原磁通同向还是反向。

（3）根据感应电流产生的磁通方向，用右手螺旋定则确定感应电动势的方向或感应电流的方向。

应当注意，必须把线圈看作一个电源，感应电动势的方向由负极指向正极，感应电流的方向与感应电动势的方向相同。

2. 影响线圈中感应电动势大小的因素

法拉第通过大量试验总结出：线圈中感应电动势的大小，与线圈中磁通量的变化快慢（即变化率）和线圈的匝数 N 的乘积成正比。通常把这个定律叫法拉第电磁感应定律。

四、自感

1. 自感现象

图 2—10a 所示的电路中，当开关 SA 合上瞬间，灯泡 HL1 立即正常发光，此后灯的亮度不发生变化；但灯泡 HL2 的亮度却由暗逐渐变亮，然后正常发光。在图 2—10b 所示的电路中，当开关 SA 断开瞬间，在开关的刀口处会产生火花。上述现象是因为线圈电路在接通或断开瞬间，电流发生从无到有或从有到无的突然变化，线圈中产生了较高的感应电动势。在图 2—10a 所示的电路中，根据楞次定律可知，感应电动势要阻碍线圈中电流的变化，HL2 支路中电流的增大必然要比 HL1 支路来得迟缓些，因此灯泡 HL2 也亮得迟缓些；在图 2—10b 所示的电路中，在开关 SA 断开的瞬间，线圈所产生的较大的感应电动势，则使 SA 的刀口处空气电离而产生火花。

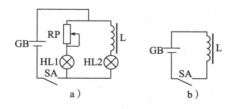

图 2—10　自感现象

a）闭合开关 SA　b）断开开关 SA

以上介绍的，由于流过线圈本身的电流发生变化，而引起的电磁感应现象叫自感现象，简称自感。由自感产生的感应电动势称为自感电动势，用 e_L 表示。自感电流用 i_L 表示。

2. 自感系数

自感系数是用来描述线圈产生自感磁通本领大小的物理量，用 L 表示。其单位是亨利，简称亨，用符号 H 表示。在实际工作中，常用较小的单位，如毫亨（mH）、微亨（μH）等。它们之间的换算关系如下：

$$1\ H = 10^3\ mH$$

$$1\ mH = 10^3\ μH$$

电感 L 的大小不但与线圈的匝数及几何形状有关（一般情况下，匝数越多，L 越大），而且与线圈中，媒介质的磁导率 $μ$ 有密切关系。有铁芯的线圈，L 不是常数。L 为常数的线圈称为线性电感线圈，也称电感器或电感。

3. 自感电动势

（1）自感电动势的方向。自感电动势的方向仍用楞次定律判断，即线圈中的外电流 i 增大时，感应电流 i_L 的方向与外电流 i 方向相反；外电流 i 减少时，感应电流 i_L 的方向与外电流 i 方向相同，如图 2—11 所示。自感电动势的方向与外电流的变化趋势相反。

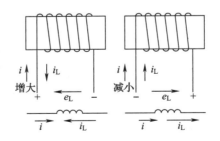

图 2—11 自感电动势的方向

（2）影响自感电动势大小的因素。自感电动势的大小与线圈的电感及线圈中外电流变化的快慢（变化率）成正比。

在生产中，自感现象既有利又有弊。例如：日光灯是利用镇流器中的自感电动势来启动灯管的，同时也利用它来限制灯管的电流；但在含有大量电感元件的电路被切断的瞬间，因电感两端的自感电动势很高，在开关处会产生电弧，容易烧坏开关，或者损坏设备的元器件，这种情况要尽量避免。通常在大电感元件两端并联一个适当的电阻或电容，或先将电阻和电容串联后再接到电感两端，以吸收储存在线圈中的磁场能，从而达到保护设备的作用。

五、互感

1. 互感现象

所谓互感现象，就是一个线圈中的电流发生变化而引起附近另一个线圈产生感应电动势的现象。在图2—12中，线圈1叫原线圈或一次线圈；线圈2叫副线圈或二次线圈。在开关SA闭合或打开的瞬间，可以看到与线圈2相连的检流计指针发生偏转，这是因为线圈1中变化的电流产生变化的磁通（Φ_{21}）要通过线圈2，使线圈2产生感应电动势，并因此产生感应电流使检流计指针发生偏转。由互感现象产生的感应电动势叫互感电动势，用符号e_M表示。

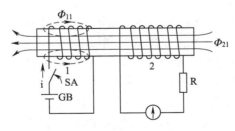

图2—12 互感现象

2. 同名端

互感电动势的方向可用楞次定律来判断，但比较复杂。尤其是对已经制造好的互感器，从外观上无法知道线圈的绕向，判断互感电动势的方向就更困难。有必要引入描述线圈绕向的概念——同名端。所谓同名端，就是绕在同一铁芯上的线圈，由于绕向一致而产生感应电动势的极性始终保持一致的端点，用"·"或"*"表示。如图2—13所示，1、4、5端点是一组同名端，2、3、6端点也是一组同名端。

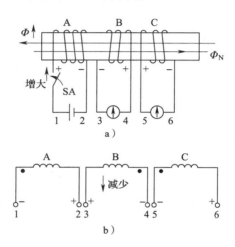

图2—13　互感电动势的同名端
a）互感线圈　b）互感线圈的同名端

在图2—13a中，SA闭合瞬间，线圈A的"1"端电流增大，根据楞次定律和右手螺旋定则可以判断出各线圈感应电动势的极性，从图中可以看出，绕向相同的1、4、5三个端点的感应电动势（线圈A是自感，线圈B、C是互感）极性都为"＋"；而SA断开的瞬间，2、3、6三个端点的极性又一起变为"＋"。由此可见，无论通入线圈中的电流如何变化，线圈绕向相同的端点，其自感或互感电动势的极性始终是相同的。

有了同名端的概念以后，再来判断互感电动势的方向就比较容易了。例如，在图2—13b中，假设电流 i 从B线圈3端流出且减少，根据楞次定律，线圈B产生的自感电动势要阻碍电流 i

减少；故自感电动势在 3 端的极性为"＋"，又根据同名端的概念，线圈 A、C 产生的互感电动势的极性是 2、6 端为"＋"。

同名端的概念为实际工作中使用电感器件带来方便，人们只要通过器件外部的同名端符号，就可以知道线圈的绕向。如果同名端符号脱落，还可根据上述介绍的试验方法进行确定。

互感电动势计算比较复杂，这里不作介绍。

练 习 题

一、填空题（将正确答案写在横线上）

1. 磁极间相互作用的规律是：同性磁极_____，异性磁极_____。

2. 磁场具有_____的性质，是磁体周围空间的一种_____。

3. 磁感线是互不相交的_____，在磁体外部由_____极指向_____极，在磁体内部由_____极指向_____极，磁感线上的切线方向就是该点的_____。

4. 磁感应强度是定量描述磁场中_____和_____的物理量，它是一个矢量，某点磁感应强度的方向就是该点的_____方向。

5. 磁通是描述磁场中_____的物理量，其定义为_____和_____的乘积。

6. 磁感应强度的大小等于磁场中某点的_____与_____的比值，方向与该点的_____方向一致。

7. 当导体在磁场中做_____的运动或通过线圈中的_____发生变化时，导体或线圈中就会产生_____，若导体或线圈是闭合的，就会产生_____。

8. 楞次定律指出：由感应电流产生的磁通总是企图阻碍

_____的变化。

9. 如果线圈原来的磁通量减少，则感应电流产生的磁通方向与线圈中原磁通方向_____；如果线圈原来的磁通量增加，则感应电流产生的磁通方向与原磁通方向_____。

10. 在电磁感应中，常用_____来计算感应电动势的大小，用_____来判别感应电动势的方向。

11. 由于流过线圈本身的_____发生变化，而引起的电磁感应现象叫_____，简称自感。

12. 自感系数是用来描述线圈产生_____本领的物理量，定义为线圈中的_____与_____的比值。

13. 由一个线圈中的_____变化引起另一线圈产生_____的现象叫互感。

14. _____由于绕在同一铁芯上，其绕向一致而感生_____的极性始终保持一致的端点称为同名端。

二、判断题（正确的画"√"，错误的画"×"）

1. 磁体的 N 极和 S 极总是成对出现的，不能单独出现。
（　　）

2. 在磁场中，小磁针受磁场力作用后静止时 N 极所指的方向，即为小磁针所处的磁场方向。（　　）

3. 磁场的方向总是从 N 极指向 S 极。（　　）

4. 磁感应强度等于垂直穿过单位面积上的磁感线数。
（　　）

5. 在其他条件相同的情况下，铁芯线圈的电感和空心线圈的电感相同。（　　）

6. 自感线圈电感越大，表示线圈中通过单位外电流时所产生的自感磁通越大（　　）

7. 当外力使导体做切割磁感线运动时，外力要克服安培力做功，将机械能转化为电能。（　　）

8. 磁铁在线圈中移动的速度越快，产生的感应电动势越小。

（　　）

9. 当线圈外电流增大时，自感电动势方向与外电流方向相同。

（　　）

10. 感应电流方向总是和感应电动势方向相反。（　　）

11. 在其他条件相同的情况下，线圈的匝数越多，电感越大；有铁芯线圈的电感比空心线圈的电感大很多。（　　）

12. 自感电动势总起着阻碍外电流变化的作用。（　　）

13. 由于磁感应线能够形象地描述磁场的强弱和方向，所以它存在于磁极周围的空间里。

（　　）

14. 自感与互感都能产生感应电动势，所以它们都是电磁感应现象。

（　　）

三、选择题（将正确答案的代号写在括号内）

1. 在条形磁铁中，磁性最强的部位是（　　）。

A. 两磁极上　　　　B. 中间　　　　C. 不能确定

2. 通电线圈插入铁芯后，它的磁场将（　　）。

A. 增强　　　　　　B. 减弱　　　　C. 不变

3. 通电导体在磁场中所受的安培力最大时，它与磁感线之间的夹角是（　　）。

A. 0　　　　B. 30°　　　　C. 60°　　　　D. 90°

4. 在均匀磁场中，通电线圈的平面与磁感线平行时，线圈受到的转矩为（　　）。

A. 最大　　B. 最小　　C. 零

5. 法拉第电磁感应定律指出：线圈中感应电动势的大小（　　）。

A. 与线圈中的磁通量成正比

B. 与线圈中的磁通量变化量成正比

C. 与线圈中的磁通变化率成正比

D. 与线圈中的磁感应强度成正比

6. 当运动导体切割磁感线产生最大的感应电动势时，导体运动方向与磁感线的夹角应为（　　）。

A. 0　　　　　　B. 30°　　　　　C. 60°　　　　　D. 90°

四、判别题

1. 如题图 2—1 所示，根据小磁针在图中的位置判断电源的正、负极性。

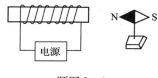

题图 2—1

2. 如题图 2—12 所示，已知磁场中载流导体的电流方向，判断载流导体的受力方向。

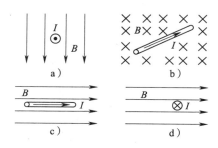

题图 2—2

第三单元　交流电路的基本知识

模块一　交流电的基本概念

一、交流电的概念

大小和方向都随时间变化的电压和电流称为交流电压和交流电流。有一种电流和电压，它的大小随时间变化而方向不随时间变化，习惯上称为脉动电流和脉动电压。交流电流、交流电压和交流电动势统称为交流电。

交流电在日常生活和生产中应用非常广泛。我国使用的交流电随时间按正弦规律变化，称为正弦交流电，也常简称交流电。

二、正弦电动势的产生

工业上用的交流电都是由交流发电机产生的。图3—1所示为交流发电机示意图。在一对磁极 N、S 之间，放有圆柱形电枢。电枢上绕有一匝导线，导线两端分别接到两只互相绝缘的铜滑环上。铜滑环与连接外电路的电刷相接触。

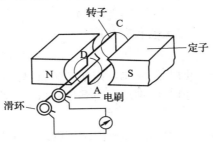

图3—1　交流发电机示意图

由于采用了特定形式的磁极形状，磁极与电枢之间空气隙中的磁感应强度应满足两项要求：

（1）磁感线垂直于电枢表面。

（2）磁感应强度 B 在电枢表面按正弦规律变化，即电枢表面任意一点的磁感应强度为：

$$B = B_m \sin\alpha$$

α 为线圈平面与中心面的夹角，为电枢转过的角度（一对磁极），称为电角度。由图可见 $\alpha = 0°$ 或 $\alpha = 180°$ 时，$B = 0$；$\alpha = 90°$ 或 $\alpha = 270°$ 时，B 最大，为 B_m。

当电枢在磁场中从中性面开始以匀角速度 ω 逆时针转动时，线圈中产生的感应电动势的大小为：

$$e = 2B_m Lv \sin\omega t$$

或 $$e = E_m \sin\omega t$$

式中 E_m——感应电动势的最大值，V；

B_m——最大磁感应强度，T；

L——线圈一边的有效长度，m；

v——导线切割磁感线的速度，m/s；

ω——电枢旋转的角速度，rad/s。

由式 $e = E_m \sin\omega t$ 可知，线圈中感应电动势是按正弦规律变化的，同样交流电压、电流可以表示如下：

$$u = U_m \sin\omega t$$

$$i = I_m \sin\omega t$$

三、瞬时值、最大值和有效值

1. 瞬时值

交流电的大小时刻在变化，因而把交流电在某一瞬间的数值称为交流电的瞬时值。分别用小写字母 e、u、i 表示。

2. 最大值

正弦交流电在一个周期内所能达到的最大瞬时值叫作正弦交流电的最大值（又称峰值、振幅），最大值用大写字母加下角标

m 表示，如 E_m、U_m、I_m。

3. 有效值

交流电是随时间而变化的，各瞬时具有不同的量值，这给交流电路的计算带来很大的困难。为计算方便，在电工技术中引用有效值的物理量来表示交流电的大小。交流电的有效值是根据电流的热效应来规定的，让交流电和直流电通过相同阻值的电阻，如果在相同的时间内产生的热量相等，就把这一直流电的数值叫作交流电的有效值。有效值用大写字母表示，如 E、U、I。电工仪表测出的交流电数值及通常所说的交流电数值都是指有效值。

4. 最大值与有效值之间的关系

$$E_m = \sqrt{2}E \qquad U_m = \sqrt{2}U \qquad I_m = \sqrt{2}I$$

四、周期与频率

1. 周期

交流电每重复变化一次所需要的时间称为周期，用符号 T 表示，单位是秒（s）。常用的单位还有毫秒（ms）、微秒（μs）、纳秒（ns）。它们之间的换算关系如下：

$$1\ ms = 10^{-3}\ s \qquad 1\ \mu s = 10^{-6}\ s \qquad 1\ ns = 10^{-9}\ s$$

2. 频率

交流电在 1 s 内重复变化的次数称为频率，用符号 f 表示，单位是赫兹（Hz）。常用的单位还有千赫（kHz）和兆赫（MHz）。其换算关系如下：

$$1\ kHz = 10^{3}\ Hz \qquad 1\ MHz = 10^{6}\ Hz$$

根据定义可知，周期和频率互为倒数，即：

$$f = \frac{1}{T} \quad 或 \quad T = \frac{1}{f}$$

我国工业的电力标准频率为 50 Hz（习惯上称为工频），其周期为 0.02 s。

3. 角频率

所谓角频率是指正弦交流电在变化过程中决定其大小和方向

的角度。正弦交流电每变化一周所经历的电角度为360°或2π弧度（rad）。但电角度并不是在任何情况下都等于线圈实际转过的机械角度的。只有在两个磁极的发电机中，电角度才等于机械角，在正弦交流电的数学表达式中出现的都是电角度。

正弦交流电 1 s 内变化的角度称为角频率，用符号 ω 表示，单位是弧度/秒（rad/s）。根据角频率的定义有：

$$\omega = 2\pi f = \frac{2\pi}{T}$$

五、初相角和相位差

假设线圈在其平面与中性面有一个夹角 φ 时开始转动，那么，经过时间 t 时，线圈平面与中性面间的角度是 $\omega t + \varphi$，感应电动势的公式就变为：

$$e = E_m \sin\ (\omega t + \varphi)$$

从上式可以看出，电角度 $\alpha = \omega t + \varphi$ 是随时间变化的。即角度 $\alpha = \omega t + \varphi$ 表示正弦交流电在任意时刻的电角度，对于确定交流电的起点、大小和方向都起着重要的作用，通常把它称作交流电的相位或相角。如图 3—2 所示。

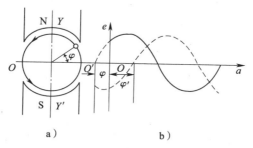

图 3—2　交流电的相位与初相位

a）交流电的相位　b）初相位

通常把线圈刚刚开始转动时（ $t = 0$ ）的相位角 φ 称为初相角，也称初相位或初相。它实际上也就是发电机线圈在起始位置时与中性面的夹角。

在正弦交流电路中，电压与电流都是同频率的，分析电路时常常要比较它们的相位之差。所谓相位之差就是指两个同频率交流电的相位之差，简称相位差，用字母 φ 表示。设正弦交流电动势 e_1 的初相角为 φ_1，e_2 的初相角为 φ_2，则 e_1 与 e_2 的相位差为：

$$\varphi = (\omega t + \varphi_1) - (\omega t + \varphi_2) = \varphi_1 - \varphi_2$$

可见，两个同频率交流电的相位差为初相位之差，这个相位差是恒定的，不随时间而改变。相位差有以下几种情况：

（1）如果它们的初相位相同，则相位差为零，就称这两个交流电同相位，它们的变化步调一致，总是同时到达零和正负最大值。如图 3—3a 所示。

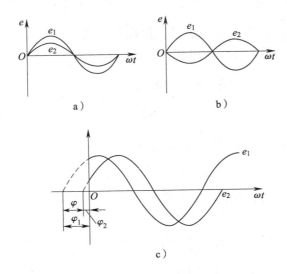

图 3—3 交流电的同相、反相及超前和滞后

a）同相 b）反相 c）超前和滞后

（2）如果它们的初相位相差180°，即相位差为180°，就称这两个交流电反相位，它们的变化步调恰好相反，一个到达正的

最大值时，另一个恰好到达负的最大值。如图 3—3b 所示。

（3）如果一个交流电比另一个交流电提前到达零值或最大值，则前者叫超前，后者叫滞后。e_1 比 e_2 先到达最大值，则 e_1 超前 e_2，当然也可说成 e_2 滞后于 e_1。如图 3—3c 所示。

综上所述，正弦交流电的最大值反映了交流电的变化范围，频率（或周期、角频率）反映了交流电的变化快慢，初相位反映了交流电的起始状态，它们是表征正弦交流电的三个重要物理量。常把最大值（或有效值）、频率（角频率、周期）、初相位称为正弦交流电的三要素。

【例 3—1】 已知两正弦交流电动势分别是：

$$e_1 = 100\sqrt{2}\sin\left(100\pi t + \frac{\pi}{3}\right) \text{ V}, \quad e_2 = 65\sqrt{2}\sin\left(100\pi t - \frac{\pi}{6}\right) \text{ V}。$$

求：（1）各电动势的最大值和有效值。（2）频率、周期。（3）相位、初相位、相位差。

解：（1）最大值 $\quad E_{m1} = 100\sqrt{2} \text{ V}$

$$E_{m2} = 65\sqrt{2} \text{ V}$$

有效值 $\quad E_1 = \dfrac{100\sqrt{2}}{\sqrt{2}} \text{ V} = 100 \text{ V}$

$$E_2 = \dfrac{65\sqrt{2}}{\sqrt{2}} \text{ V} = 65 \text{ V}$$

（2）频率 $\quad f_1 = f_2 = \dfrac{\omega}{2\pi} = \dfrac{100\pi}{2\pi} \text{ Hz} = 50 \text{ Hz}$

周期 $\quad T_1 = T_2 = \dfrac{1}{f} = \dfrac{1}{50}$

$$T = 0.02 \text{ s}$$

（3）相位 $\quad \alpha_1 = \left(100\pi t + \dfrac{\pi}{3}\right), \quad \alpha_2 = \left(100\pi t - \dfrac{\pi}{6}\right)$

初相位　$\varphi_1 = \dfrac{\pi}{3}$，$\varphi_2 = -\dfrac{\pi}{6}$

相位差　$\varphi = \varphi_1 - \varphi_2 = \dfrac{\pi}{3} - \left(-\dfrac{\pi}{6} \right) = \dfrac{\pi}{2}$

六、正弦交流电的三种表示法：解析法、曲线法、相量表示法

1. 解析法

正弦交流电的电动势、电压和电流的瞬时值表达式就是正弦交流电的解析式，即：

$$e = E_m \sin (\omega t + \varphi_e)$$
$$u = U_m \sin (\omega t + \varphi_u)$$
$$i = I_m \sin (\omega t + \varphi_i)$$

三个解析式中都包含了交流电的三要素：最大值、角频率和初相位，根据解析式就可以计算出交流电在任意瞬间的数值。

2. 曲线法

正弦交流电还可以用与解析式相对应的正弦曲线来表示，如图 3—4 所示。图 3—4 中的横坐标表示时间（或电角度 ωt），纵坐标表示交流电的瞬时值。从曲线可以看出，对应于不同的时间（或电角度），就有一个不同的交流电的瞬时值，并且在波形图上可直观地反映出交流电的最大值、初相位和周期等。

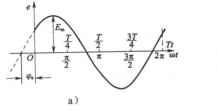
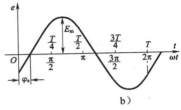

图 3—4　正弦交流电的波形图

a) 初相位大于零　b) 初相位小于零

3. 相量表示法

在实际应用中，可以用相量的起始位置来表示交流电。用相量图来表示同频率正弦交流电的一般规则：

（1）相量的长度代表正弦交流电的最大值（或有效值），常用字母 E_m、U_m、I_m 或 E、U、I 表示。

（2）相量与 X 轴正方向的夹角代表正弦交流电的初相角。当初相角为正值时，将相量绕原点逆时针旋转一个 φ 角；当初相角为负值时，将相量绕原点顺时针旋转一个 φ 角；当初相角为零时，相量与 X 轴重合或平行，如图3—5所示为相位图示例。

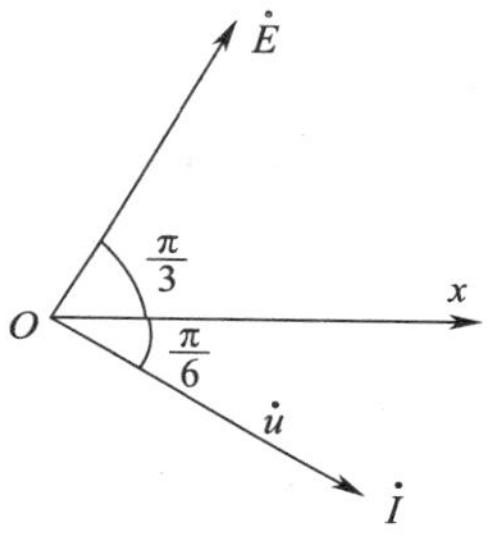

（3）同频率的交流电可以画在同一相量图上。使用相量表示交流电

图3—5　相位图

后，不但能直观地表示交流电的初相位、有效值和多个正弦量间的相位关系，还可以大大简化正弦交流电的加减运算，便于对交流电路进行分析和理解。

（4）相量的加、减法。两个同频率的正弦量的相加、减，可以利用相量的平行四边形法则来进行。如图3—6所示。

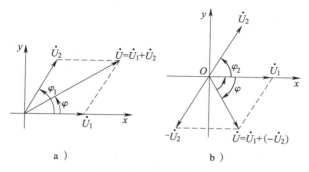

图3—6　相量的合成

a）相量的加法　b）相量的减法

模块二 单相交流电路

由交流电源和交流负载组成的电路称为交流电路。若电源中只有一个交变电动势，则这种电路称为单相交流电路。

由一根相线和一根零线供电的照明线路及日常生活中的用电线路，就是典型的单相交流电路。交流用电设备品种繁多，用途各异，但将其按负载性质归类，不外乎是电阻、电感、电容或它们的不同组合。把负载中只有电阻的交流电路称为纯电阻电路；只有电感的电路称为纯电感电路；只有电容的电路称为纯电容电路。严格地讲，仅有单一参数的纯电路是不存在的，但为了分析交流电路的方便，常常先从分析纯电路所具有的特点入手。

由于交流电路中的电压和电流都是交变的，因而有两个作用方向。为方便分析电路，通常把电源瞬时极性为上正下负时的方向规定为正方向，且同一电路中的电压和电流以及电动势的正方向完全一致。

一、纯电阻电路

由白炽灯、电熨斗、电饭锅、电炉等负载组成的交流电路都可近似看成是纯电阻电路，如图3—7a所示。在这些电路中，当外加电压一定时，影响电流大小的因素为电阻 R。

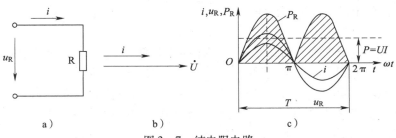

图3—7 纯电阻电路
a）电路图 b）相量图 c）波形图

1. 电流与电压的相位关系

设加在负载电阻 R 两端的电压为：

$$u_R = U_{Rm}\sin\omega t$$

在一瞬间，流过电阻的电流可根据欧姆定律算出，即：

$$i = \frac{u_R}{R} = \frac{U_{Rm}}{R}\sin\omega t = I_m\sin\omega t$$

由此可见，通过电阻的电流也是一个同频率、同相位的正弦交流电。图 3—7b、图 3—7c 分别为电流和电压的相量图和波形图。

2. 电流与电压的数量关系

由式 $i = \frac{u_R}{R} = \frac{U_{Rm}}{R}\sin\omega t = I_m\sin\omega t$ 可知，通过电阻的电流最大值为：

$$I_m = \frac{U_{Rm}}{R}$$

若把上式两边同除以 $\sqrt{2}$，则得有效值公式为：

$$I = \frac{U_R}{R}$$

即电流与电压的关系仍符合欧姆定律，且电流的大小与电源频率无关。

3. 功率

在任一瞬间负载电阻 R 向电源取用的电功率 p_R 等于这个时刻的电压 u_R 和电流 i 的乘积，即：

$$p_R = u_R i$$

这个功率称为瞬时功率。把各个时刻的 u_R 和 i 的乘积在波形图上画出来，就得到 p_R 的波形，如图 3—7c 所示。由于电流和电压同相位，所以在 u、i 不为零时，p_R 在任一瞬间的数值都是正值（除零点外）。这表明电阻负载在任何时刻都在向电源取用电能，电阻是消耗电能的元件。

瞬时功率在一周内的平均值，称为平均功率。它实际上也是电阻在交流电一个周期内消耗功率的平均值，又称为有效功率，用 P 表示，单位仍是瓦（W）。其数学表达式为：

$$P = U_R I = I^2 R = \frac{U_R^2}{R}$$

与直流电路的计算公式相同。

【例 3—2】 已知某电炉的额定参数为 220 V/1 kW，其两端所加电压为 $u = 220\sqrt{2}\sin\left(314t + \dfrac{\pi}{6}\right)$ V。试求：（1）电炉的工作电阻；（2）电炉的额定电流及工作电流；（3）写出电流解析表达式；（4）作出电压和电流的相量图。

解：（1）因为电炉的额定电压、额定功率分别为 220 V、1 kW，所以工作电阻为：

$$R = \frac{U^2}{P} = \frac{220^2}{1 \times 10^3}\ \Omega = 48.4\ \Omega$$

（2）由 $u = 220\sqrt{2}\sin\left(314t + \dfrac{\pi}{6}\right)$ V，可知电压有效值为：

$$U = \frac{U_m}{\sqrt{2}} = \frac{220\sqrt{2}}{\sqrt{2}}\ V = 220\ V$$

与电炉的额定电压相符，故电炉的额定电流等于其工作时的电流：

$$I = \frac{U}{R} = \frac{220}{48.4}\ A = 4.5\ A\ 或\left(I = \frac{P}{U}\right)$$

（3）因为电炉属于纯电阻负载，电流与电压同频率、同相位，所以电流解析表达式为：

$$i = I_m\sin\ (\omega t + \varphi)$$

$$= 4.5\sqrt{2}\sin\left(314t + \frac{\pi}{6}\right)\ A$$

（4）电流和电压相量图（见图 3—8）

由以上计算结果可知，额定

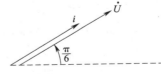

图 3—8　纯电阻电路中的电流和电压相量图

电压 220 V、额定功率 1 kW 的电阻负载，其额定电流为 4.5 A。因此，对额定电压为 220 V 的电阻性负载，可根据"1 kW 负载约 4.5 A"电流来估算负载电流，以便安全合理地配置和使用导线、开关、插座等电气元件。

二、纯电感电路

由电磁感应知识可知，当流过线圈本身的电流发生变化时，在线圈中会产生自感电动势。电感是衡量线圈能产生自感电动势能力大小的物理量，通常把线圈称为电感元件。在交流电路中，若忽略线圈本身的电阻时，该线圈则称为纯电感元件。仅有纯电感负载的电路称为纯电感电路，如图 3—9 所示。

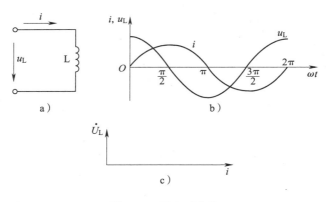

图 3—9　纯电感电路
a）电路图　b）波形图　c）相量图

1. **电流与电压的相位关系**

当纯电感电路中有交变电流 i 通过时，根据电磁感应定律，在线圈 L 上就会产生自感电动势，其表达式为：

$$e = -L \frac{\Delta i}{\Delta t}$$

式中　$\dfrac{\Delta i}{\Delta t}$——电流的变化速度，A/s；

L——自感系数，H。

对于一个已制造好的线圈来说，电感量为常数。因此，自感电动势的大小与电流的变化速度成正比，负号表明自感电动势的方向永远与电流变化的趋势相反。设加在电感两端的电压为：

$$u = U_m \sin\left(\omega t + \frac{\pi}{2}\right)$$

经过数学推导（过程略），可得：

$$i_L = I_{Lm} \sin\omega t = \frac{U_{Lm}}{\omega L} \sin\omega t$$

即电流与电压同频率，但电流比电压滞后90°，它们的波形图、相量图如图3—9b、图3—9c所示。从波形图上可看出，电流和电压的变化步调不一致，电流滞后于电压。

2. 电流与电压的数量关系

由式 $i_L = I_{Lm} \sin\omega t = \frac{U_{Lm}}{\omega L} \sin\omega t$ 可知：

$$I_{Lm} = \frac{U_{Lm}}{\omega L}$$

两边同除以 $\sqrt{2}$，得：

$$I_L = \frac{U_L}{\omega L} = \frac{U_L}{X_L}$$

式中　$X_L = \omega L$——线圈的感抗，Ω。

感抗实质上就是自感电动势对交流电的阻碍作用，相当于纯电阻电路中电阻的作用。但不同的是：电阻的大小与频率无关，而感抗的大小与频率成正比。对某一线圈而言，当电压一定时，频率 f 越高则 X_L 越大，电流越小，因此电感线圈对高频电流的阻碍作用很大。在电流频率很高时，电感线圈中几乎没有电流通过，相当于开路状态。而对直流电而言，电感线圈对直流电没有阻碍作用，相当于短路状态。电感元件的这个特性在电子线路中得到了广泛的应用。如果不慎把交流线圈（电感元件）接到相同电压的直流电路中，将导致线圈立即烧毁。因此，在使用电感性的电气设备（如电动机）时，必须了解所有电源的频率与设备铭牌数据上标明的电源频率是否相符，以保证设备安全运行。

3. 功率

纯电感电路的瞬时功率为：

$$p = u_L i_L = U_L I_L \sin^2 \omega t$$

若把各个时刻的电压，电流瞬时值相乘，便得出该时刻的瞬时功率 p_L 的波形，如图3—10所示。

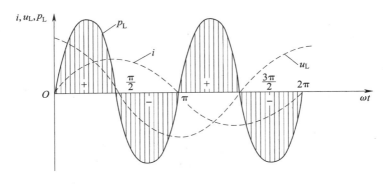

图3—10　纯电感电路的功率波形

由图可知，在第1个和第3个1/4周期内 p_L 为正值，线圈向电源吸取电能，并把它转变为磁能形式储藏于磁场中；在第2个和第4个1/4周期内，p_L 为负值，即线圈将所储藏的磁能转换成电能返送回电源。这样，在一个周期内，纯电感电路的平均功率为零。也就是说，纯电感电路中没有能量损耗，只有电能和磁能周期性的转换，因此电感元件是一种储能元件。

纯电感元件不消耗电能，但在线圈与电源之间存在着电能和磁能周期性的转换，通常用无功功率 Q_L 来衡量这种能量转换的规模大小，无功功率就是瞬时功率的最大值。其数学表达式为：

$$Q_L = U_L I = I^2 X_L = \frac{U_L^2}{X_L}$$

Q_L 的单位为乏（var）。比乏大的常用单位是千乏（kvar），
$1 \ \text{kvar} = 10^3 \ \text{var}$

必须指出，无功功率并不是无用功率，它与有功功率的区别为：无功功率是"交换能量"，没有被消耗掉，而是又返送回电源，但无功功率过大对用电系统不利。有功功率则是"消耗能量"，电能被转换成其他形式的能量并消耗掉。具有电感性质的变压器、电动机等设备都是靠电磁转换工作的，没有无功功率，这些设备就无法工作。

【例 3—3】 有一个线圈，其电阻 $R \approx 0$，电感 $L = 0.7 \ \text{H}$，
接在 $u = 220\sqrt{2}\sin\left(314t + \dfrac{\pi}{6}\right)$ V 的电源上，求：

（1）线圈的感抗；
（2）流过线圈的电流及其瞬时值表达式；
（3）电路的无功功率；
（4）电压和电流的相量图。

解：

（1）线圈的感抗为 $X_L = \omega L = 314 \times 0.7 \ \Omega \approx 220 \ \Omega$

（2）电流的有效值为 $I_L = \dfrac{U_L}{X_L} = \dfrac{220}{220} \ \text{A} = 1 \ \text{A}$

在纯电感电路中，电流滞后电压 $90°$，且 $\varphi_u = \dfrac{\pi}{6}$，所以电流
的初相位 $\varphi_i = \varphi_u - \dfrac{\pi}{2} = \dfrac{\pi}{6} - \dfrac{\pi}{2} = -\dfrac{\pi}{3}$ 得 $i = \sqrt{2}\sin\left(314t - \dfrac{\pi}{3}\right)$ A

（3）无功功率为 $Q_L = U_L I = 220 \times 1 \ \text{var} = 220 \ \text{var}$

（4）电流和电压的相量图如图 3—11 所示。

三、纯电容电路

1. 电容器的基本知识

（1）电容器。电容器是储存电荷的器件，是一种储能元件。

它由两块互相平行、靠得很近而又彼此绝缘的金属板构成。电容器的图形符号（见图3—12）非常形象地表示了电容器的结构特点。

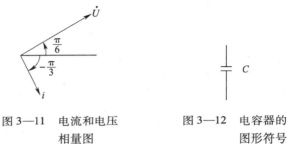

图3—11　电流和电压
　　　　相量图

图3—12　电容器的
　　　　图形符号

电容器的单位是法拉（F），简称法。实际应用中，通常用微法（μF）或皮法（pF）作单位。它们之间的换算关系是：

$$1\ \mu F = 10^{-6}\ F \qquad 1\ pF = 10^{-12}\ F$$

（2）电容器的基本性质。通过一个简单的实验，观察直流电和交流电通过电容时的现象。实验电路如图3—13所示。

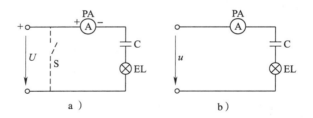

图3—13　电容器加上直流、交流电压时的现象
a）施加直流电压　b）施加交流电压

图3—13a是将一个电容器和一个灯泡串联起来接在直流电源上，这时灯泡亮了一下就逐渐变暗直至不亮，电流表的指针在动了一下之后又慢慢回到零位，这个现象就是电容器充电现象，这时电容器在储存电能。当电容器上的电压和外加电源电压相等时，充电就停止了，此后再无电流通过电容器，即电容器具有隔

直流的特性，直流电流不能通过电容器。

电容器充好电之后，若将电源断开并立即将图3—13a中虚线所示的开关闭合，这时可以看到电流表的指针向相反的方向又动了一下，之后慢慢回到零位，而灯泡也突然亮了一下又随之熄灭，这就是电容器的放电现象。它表明电容器在脱离电源后仍具有一定的电能，电容器具有储存电荷的特性。

若把图3—13b所示电路接到交流电源上，会看到灯泡亮度稳定，电流表指针也有一个稳定的读数，此时电路中有一个电流在流动，说明交流电能够通过电容器。但为什么直流电不能通过电容器而交流电却能通过电容器呢？

因为电容器具有能够储存电荷的性质，若将一正弦交变电压加到电容器上，当电压增加时，电容器就充电，当电压降低时，电容器就放电，当电压向负值方向增加时，电容器就反方向充电。由于交流电不断地交替变化，因此电容器也就不断地进行充放电，在线路中就会保持一个交变电流（充放电电流），但并不是电荷通过绝缘体构成了回路，这就是交流电能通过电容器的原因。

综上所述，电容器具有储存电荷和通交流、隔直流的基本特性，下面讨论纯电容电路的特点。纯电容电路如图3—14a所示。

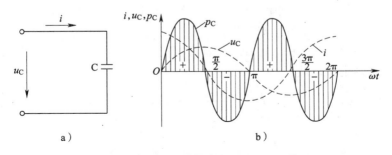

图3—14　纯电容电路中的电流、电压和功率
a）纯电容电路　b）电流、电压和功率波形图

2. 纯电容电路的特点

（1）电流与电压的相位关系。电容器在充电和放电的过程中，极板两端的电荷是逐渐增加或逐渐减少的，其两端电压也只能随之逐渐变化而不能突然变化，因此电压的变化总是滞后于电流。经数学推导证明（过程略），电容器上的电压滞后电流90°。

设加在电容器两端的正弦交流电压的初相角为零，则电压和电流的瞬时值表达式为：

$$u_C = U_m \sin\omega t$$

$$i_C = I_m \sin\left(\omega t + \frac{\pi}{2}\right)$$

电压和电流的波形图如图3—14所示、相量图如图3—15所示。

（2）电流与电压的数量关系。交流电通过电容器时会遇到阻碍，电容器对交流电的阻碍作用称为容抗，用 X_C 表示。容抗与电容量及电源的频率成反比，即：

$$X_C = \frac{1}{\omega C} = \frac{1}{2\pi f C}$$

图3—15　纯电容电路中电流与电压的相位关系

式中　　C——电容器，F；

f——电源频率，Hz；

X_C——容抗，Ω。

纯电容电路中，电压、电流和容抗三者之间的数量关系仍满足欧姆定律，即：

$$I = \frac{U_C}{X_C} = \frac{U_C}{\dfrac{1}{2\pi f C}} = 2\pi f_C U_C$$

由式 $I = \dfrac{U_C}{X_C} = \dfrac{U_C}{\dfrac{1}{2\pi f C}} = 2\pi f_C U_C$ 可以看出，当外加电压和电容

量 C 为一定值时，因容抗与频率成反比，所以流过电容器的电流与电源的频率成正比；在直流电路中，$f=0$，$X_C \to \infty$（无穷大），$I=0$，故在直流电路中的电容器可看作开路。在高频电路中，常利用这个特点来简化电路分析。

（3）功率。与纯电感电路一样，纯电容电路中的瞬时功率为：

$$p_C = u_C i = U_C I \sin^2 \omega t$$

根据上式（或 u_C，i 波形瞬时值描点作图）可作出瞬时功率的波形图，如图 3—14b 所示。由瞬时功率的波形可以看出，纯电容电路的平均功率为零，即 $P_C = 0$。但是电容与电源之间进行着能量的交换：在第 1 个和第 3 个 1/4 周期内，电容吸取电源能量并以电场能的形式储存起来；在第 2 个和第 4 个 1/4 周期内，电容又向电源释放能量。和纯电感电路一样，瞬时功率的最大值被定义为电路的无功功率，用以表示电容和电源交换能量的规模。其数学表达式为：

$$Q_C = U_C I = I^2 X_C = \frac{U_C^2}{X_C}$$

无功功率 Q_C 的单位也是乏（var）。

【例 3—4】 已知某纯电容电路两端的电压为 $u = 220\sqrt{2}\sin\left(314t + \dfrac{\pi}{6}\right)$ V，电容 $C = 15.9$ μF，求：（1）电路中电流的瞬时值表达式；（2）电路的无功功率；（3）电流和电压的相量图。

解：

（1）根据题意，可知：

$$X_C = \frac{1}{\omega C} = \frac{1}{314 \times 15.9 \times 10^{-6}} \Omega \approx 200 \ \Omega$$

$$I = \frac{U_C}{X_C} = \frac{220}{200} \ A = 1.1 \ A$$

因纯电容电路中，电流超前电压 90°，且 $\varphi_u = \dfrac{\pi}{6}$，得电流初相位：

$$\varphi_i = \varphi_u + \frac{\pi}{2} = \frac{2}{3}\pi$$

所以
$$i = 1.1\sqrt{2}\sin\left(314t + \frac{2}{3}\pi\right) \text{ A}$$

（2）根据式 $Q_C = U_C I = I^2 X_C = \dfrac{U_C^2}{X_C}$ 可得电路的无功功率为：

$$Q_C = U_C I = 220 \times 1.1 \text{ var} = 242 \text{ var}$$

（3）电流和电压相量图如图3—16所示。

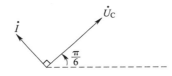

图3—16　电流和电压相量图

四、电阻和电感串联电路

在含有线圈的交流电路中，实际上线圈都具有一定的电阻，因此交流电路中的线圈可看作由一个纯电阻（绕制线圈的导线电阻）与一个纯电感串联而成的电路，简称 R－L 串联电路。一般的交流电动机、变压器所组成的交流电路及日光灯照明线路等，都可看成 R－L 串联电路。R－L 串联电路如图3—17a 所示。

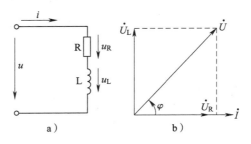

图3—17　R－L 串联电路及相量图

a）串联电路　b）相量图

1．电流与电压的相位关系

在交变电压的作用下，电路中有电流 i 流通。设电流 i 为参考向量，根据以上各电压相位关系作出各电压相量图如图3—17b 所示，由图可知总电压超前电流一个角度 φ，且 $\frac{\pi}{2} > \varphi > 0$。通常把总电压超前电流（或说电流滞后总电压）的电路叫感性电路，相应电路中的负载则称为感性负载。

2．电流和电压的数量关系

由向量图可看出总电压和各分电压的向量关系为：总电压向量为各分压向量之和，即：

$$\dot{U} = \dot{U}_R + \dot{U}_L$$

三个电压组成一个直角三角形（见图3—18a），称为电压三角形。总电压与各分电压的数量关系为：

$$U = \sqrt{(IR)^2 + (IX_L)^2} = I\sqrt{R^2 + X_L^2} = IZ$$

式中 $|Z| = \sqrt{R^2 + X_L^2}$ 称为电路总电阻，简称阻抗，单位为 Ω。R、X_L、$|Z|$ 三者之间的关系组成一个直角三角形，称为阻抗三角形（见图3—18b），与电压三角形相似。

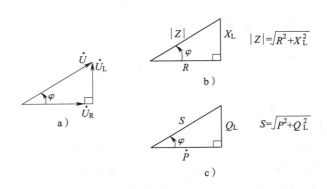

图3—18　R-L串联电路的电压、阻抗和功率三角形

a）电压三角形　b）阻抗三角形　c）功率三角形

电流与总电压的数量关系为：

$$I = \frac{U}{|Z|}$$

上式称为交流电路欧姆定律，与直流电路欧姆定律形式相同。总电压超前电流的角度为：

$$\varphi = \arctan \frac{U_L}{U_R}$$

或

$$\varphi = \arccos \frac{U_R}{U} = \arccos \frac{R}{|Z|}$$

3. 功率

在 R—L 串联电路中，电阻 R 是消耗电能的元件，它向电源取用的功率是有功功率，其大小为 $P = I^2 R = IU_R$；而电感 L 是储能元件，仅和电源进行能量交换，电感上的无功功率为 $Q_L = I^2 X_L = IU_L$。电源实际提供给负载的总功率称为视在功率 S，包含了有功功率和无功功率两部分。把电压三角形的各边同乘以电流 I，可得到一个与电压三角形相似的功率三角形，如图 3—18c 所示。由此可得三个功率的表达式为：

$$S = IU = \sqrt{P^2 + Q^2}$$

式中 $P = IU_R = S\cos\varphi = IU\cos\varphi$

$Q = IU_L = S\sin\varphi = IU\sin\varphi$

视在功率的单位是伏·安（V·A），常用的还有千伏·安（kV·A），换算关系为 1 kV·A = 10^3 V·A。

4. 功率因数

由以上分析可知，感性电路中存在着一定数量的无功功率，电源提供的功率没有完全被负载吸收，这对电源设备的充分利用是不利的。为了反映电源的利用率，把有功功率 P 和视在功率 S 的比值称作功率因数，用 $\cos\varphi$ 来表示。

功率因数 $\cos\varphi = \dfrac{P}{S}$

功率因数是表征交流电路状况的重要参数之一。$\cos\varphi$ 值大，则表明有功功率在总功率中占的比例数大，电源利用率高；反之表明电源利用率低。

为提高电源利用率，提高电力系统的功率因数，通常采用以下两种方法：

（1）并联补偿法。即在感性电路两端并联适当的电容器，可减少电路总的无功功率，从而达到提高功率因数的目的。

（2）提高功率因数。电动机在空载或轻载时，功率因数都较低，故应合理选用电动机，不要用大容量的电动机来带动小功率的负载。另外，应尽量不让电动机空转。

模块三　三相交流电路

一、三相交流电的特点

如果交流电路中有多个电动势同时作用，每个电动势大小相等，频率相同，只有初相位不同，那么称这种电路为多相制电路。每一相电动势构成的电路称为多相制的一相。

在生产生活中应用最广泛的是三相制电路，其电源是由三相发电机产生的。三相交流电具有以下优点：

1）三相发电机比同尺寸的单位发电机输出的功率大。

2）三相发电机的结构和制造不比单相发电机复杂多少，且使用、维护都较方便，运转时比单相发电机的振动要小。

3）在同样条件下输送同样大的功率，特别是在远距离输电时，三相输电线要比单相输电线节约24%的材料。

二、三相正弦交流电的产生

三相电动势是由三相交流发电机产生的。图3—19所示为三相交流发电机的示意图。三相交流发电机主要由定子和转子组成。转子是有一对磁极的电磁铁，磁极表面的磁感应强度按正弦规律分布。定子铁芯中嵌入三个相同的对称绕组。三相对称绕组的形状、尺寸和匝数完全相同。三相绕组始端分别用 U1、V1、W1 表示，末端用 U2、V2、W2 表示，分别称为 U、V、W 相。三相绕组在空间位置上彼此相隔120°的电角度。

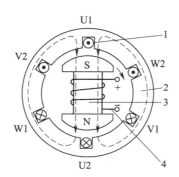

图 3—19 三相交流发电机示意图

1—定子绕组 2—定子铁芯 3—磁极（转子）   4—励磁绕组

当转子在原动机带动下以角速度 ω 做匀速转动时，在定子三相绕组中就分别感应出振幅相等、频率相同、相位互差120°的三相交流电动势，这种三相电动势称为对称三相电动势。其解析式为：

$$e_{U} = E_{m}\sin\ (\omega t + 0°)$$

$$e_{V} = E_{m}\sin\ (\omega t - 120°)$$

$$e_{W} = E_{m}\sin\ (\omega t + 120°)$$

其中 e_{U}、e_{V}、e_{W} 的波形图如图 3—20 所示。

在没有特别指出的情况下，本书中此后提到的三相交流电就是指对称的三相交流电，而且规定每相电动势的方向是从绕组的末端指向始端，即电流从始端流出时为正，流入时为负。

三、三相四线制

目前在低压供电系统中多采用三相四线制供电，如图 3—21a 所示。

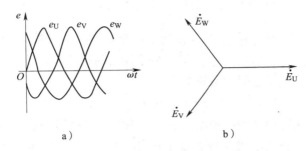

图 3—20 对称三相电动势的正弦波形图及相量图
a）波形图 b）相量图

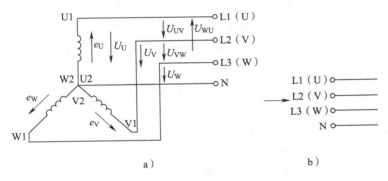

图 3—21 三相四线制电路
a）发电机三相绕组的接法 b）中线和相线

三相四线制是把发电机三相绕组末端连接在一起，成为一个公共端点，又称为中性点，用符号"N"表示。从中性点 N 引出的一条输电线称为中性线，简称中线或零线。从三相绕组始端 U1、V1、W1 引出的三根输电线叫作端线或相线，常用 L1、L2、L3 标出。有时为了简便，常不画发电机的绕组连接方式，只画四根输电线表示相序，如图 3—24b 所示。所谓相序是指三相电动势达到最大值时的先后次序。习惯上的相序为第一相超前第二相 120°，第二相超前第三相 120°，第三相超前第一相 120°。在电源的母线（总线）上，用颜色黄、绿、红表示相序 L1、L2、L3。

三相四线制可输送两种电压，一种是相线与相线之间的电压，叫线电压；另一种是相线与中性线之间的电压，叫相电压。线电压与相电压之间的数量关系为

$$U_{线} = \sqrt{3} U_{相}$$

生产实际中的四孔插座就是三相四线制电路的典型应用。其中较粗的一孔接中线，其余三孔分别接 U、V、W 三相，则细孔和粗孔之间的电压就是相电压，而细孔之间的电压就是线电压。

四、三相负载的连接方式

三相电路中连接的三相负载，各相负载可能相同，也可能不同。如果每相负载大小相等，性质相同，这种负载便称为三相对称负载，如三相电动机、三相变压器、三相电阻炉等。若各相负载不同，就叫不对称三相负载，如三相照明电路中的负载。

使用任何电气设备，均要求负载所承受的电压等于它的额定电压，所以负载要采用一定的连接方式，以满足负载对电压的要求。三相负载的连接方式有两种：星形和三角形。

1. **三相负载的星形联结**

把三相负载分别接在三相电源的一根相线和中线之间的接法称为三相负载的星形联结（常用"Y"标记），如图 3—22 所示，图中 Z_U、Z_V、Z_W 为各相负载的阻抗值，N 为负载的中性点。

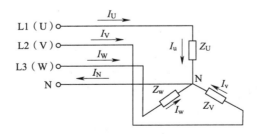

图 3—22 三相负载的星形联结

负载两端的电压称为负载的相电压。在忽略输电线上的电压降时，负载的相电压就等于电源的相电压，三相负载的线电压就是电源的线电压。负载的相电压 $U_{相}$ 和负载的线电压 $U_{线}$ 的关系仍然为：

$$U_{Y线} = \sqrt{3} U_{Y相}$$

星形负载接上电源后，就有电流产生。流过每相负载的电流叫作相电流，用 I_u、I_v、I_w 表示，统称为 $I_{相}$。把流过相线的电流叫作线电流，用 I_U、I_V、I_W 表示，统称为 $I_{线}$。由图3—26可见线电流的大小等于相电流，即：

$$I_{Y线} = I_{Y相}$$

由于三相对称负载星形联结时中线电流为零，因而取消中线也不会影响三相电路的工作，三相四线制实际变成了三相三线制。在高压输电时，由于三相负载都是对称的三相变压器，所以通常采用三相三线制。

对于三相不对称负载的电路，因为中线的存在，它能平衡各相负载的电压，保证三相负载成为三个互不影响的独立电路，此时各相负载的电压等于电源的相电压，其电压不随负载的变化而变化。三相电路应力求三相负载平衡，如三相照明电路，应注意使照明负载均匀分布在三相电源上，这样可使三相电源负载趋于均衡，提高电能的利用率。

2. 三相负载的三角形联结

把三相负载分别接在三相电源每两根相线之间的接法称为三角形联结（常用"△"标记），如图3—23a所示。在三角形联结中，由于各相负载是接在两根相线之间，因此负载的相电压就是电源的线电压，即：

$$U_{\triangle线} = U_{\triangle相}$$

三相对称负载作三角形联结时的相电压是星形联结时的相电压的 $\sqrt{3}$ 倍。因此，三相负载接到电源中，是作三角形还是星形联结，要根据负载的额定电压而定。

三角形联结的负载接通电源后，就会产生线电流和相电流，图3—23b 中所标 I_U、I_V、I_W 为线电流，I_u、I_v、I_w 为相电流。三相对称负载电路线电流与相电流的数量关系为：

$$I_{\triangle 线} = \sqrt{3} I_{\triangle 相}$$

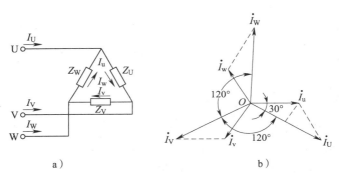

a)   b)

图3—23　三相对称负载的三角形联结及电流相量图

a）三相对称负载的三角形联结　b）电流相量图

通常所说的三相交流电，如无特殊说明，都是指线电压或线电流。如某三相异步电动机铭牌上所标出的额定电压值、额定电流值。

三相负载究竟采用哪种连接方式，要根据每相负载的额定电压和三相电源相电压的大小而定。如果每相负载的额定电压与电源线电压相等，则应将负载接成三角形；如果每相负载的额定电压等于电源的线电压的 $\frac{1}{\sqrt{3}}$，则应将负载接成星形。

练　习　题

一、填空题（将正确答案写在横线上）

1. 交流电是指_____都随时间作周期性变化的电动势

（或电压、电流），按交流电的变化规律可分为_____交流电和_____交流电两大类。

2．正弦量的三要素是指_____、_____和_____。其中_____表示正弦量瞬时值变化范围，_____描述正弦量变化快慢，_____决定正弦量的初始状态。

3．已知某电路电流 $i = 14.4\sin(314t + 30°)$，则电流的最大值 $I_m =$ _____，频率 $f =$ _____，初相位 $\varphi =$ _____，当时间 $t = 0$ 时的电流 $i =$ _____。

4．正弦量 $u_1 = 20\sin\left(314t + \dfrac{\pi}{3}\right)$ V 和 $u_2 = 40\sin\left(314t - \dfrac{\pi}{6}\right)$ V 的相位差为_____，其中电压 u_1 超前电压 u_2 _____角。

5．交流电压的有效值为 50 V，频率 $f = 50$ Hz，初相位 $\varphi_u = -\dfrac{\pi}{4}$，则最大值 $U_m =$ _____，瞬时表达式 $u =$ _____

_____。

6．把负载接到正弦交流电源上而组成的电路叫正弦交流电路，按电源中正弦交流电动势的个数可分为_____正弦交流电路和_____正弦交流电路。

7．三相交流电动势达到_____叫相序，习惯上用黄、绿、红三种颜色分别表示_____、_____和_____三相。

8．三相对称负载作星形联结时，各相负载上的电压等于对称电源的_____，线电流与相电流_____；三相对称负载作三角形联结时，各相负载上的电压等于对称电源的_____，线电流的大小是相电流的____倍，相位上线电流滞后相应的相电流_____。

9．三相电路中的相电流是流过_____的电流，线电流是流过_____的电流。

10. 三相负载接在三相电路中，若各相负载的额定电压等于电源的线电压，负载应作_____联结。

11. 由 3 根_____线和 1 根_____线所组成的供电网络，称为三相四线制供电网络。

12. 三相四线制电网中，线电压是指和_____之间的电压，相电压是指_____和_____间的电压。

二、判断题（正确的画"√"，错误的画"×"）

1. 普通 220 V 灯泡，通常接到 220 V 交流电源上使用，但也可接在 220 V 的直流电源上使用。　　　　　（　　）

2. 通常所说的交流电压 220 V 是指平均值。　（　　）

3. 感抗反映了线圈对交流电的阻碍能力。　（　　）

4. 电容具有"通直流阻交流"的作用。　　（　　）

5. 三相负载作星形联结时，无论负载对称与否，线电流必定等于相电流。　　　　　　　　　　　　　（　　）

6. 不对称三相负载作星形联结时，可以用三相四线制供电，也可以用三相三线制供电。　　　　　　　　（　　）

7. 单相交流电中的无功功率是没有用的。　（　　）

8. 电工仪表所测出的交流电的值及通常所说的交流电的值，都是指有效值。　　　　　　　　　　　　　（　　）

9. 三相负载上的相电流等于相线上的电流。　（　　）

10. 把应作星形联结的电动机接成三角形，电动机将会被烧坏。　　　　　　　　　　　　　　　　　　（　　）

三、选择题（将正确答案的代号写在括号内）

1. 某电风扇额定电压为 220 V，它能承受的最大电压是（　　）V。

A. 220　　　B. 380　　　C. 311　　　D. 154

2. 两个正弦交流电流 $i_1 = 10\sin\left(314t + \dfrac{\pi}{6}\right)$A，$i_2 = 10\sqrt{2}\sin\left(314t + \dfrac{\pi}{4}\right)$A，它们相同的是（　　）。

A. 最大值　B. 有效值　C. 周期　　D. 初相位

3. 已知一交流电流，当 $t = 0$ 时 $i_0 = 1$ A，初相位为 $30°$，则这个交流电的有效值为（　　）A。

A. 0.5　　B. 1.414　C. 1　　　D. 2

4. 若 $i = i_1 + i_2$，$i_1 = 10\sin(\omega t)$ A，$i_2 = 10\sin(\omega t + 90°)$ A，则 i 的有效值为（　　）A。

A. 20　　B. $\dfrac{10}{\sqrt{2}}$　　C. $\dfrac{20}{\sqrt{2}}$　　D. 10

5. 星形联结的对称三相负载，每相电阻为 11 Ω，电流为 20 A，则三相负载的线电压是（　　）V。

A. 220　　B. 440　　C. 380　　D. 311

四、计算题

在 R－L－C 串联电路中，已知 $R = 10\sqrt{3}$ Ω，$X_L = 10$ Ω，$X_C = 20$ Ω，接在电压为 $u = 40\sqrt{2}\sin314t$ V 的电源两端。求：（1）电路的阻抗；（2）写出电流 i、电压 u_R、u_L、u_C 的瞬时值表达式；（3）计算电路的 P、Q、S 的值；（4）画出 U、U_R、U_L、U_C、I 的矢量图。

第四单元　电动机与变压器

模块一　三相异步电动机

一、三相异步电动机的基本结构

三相异步电动机主要由定子和转子两部分组成，其基本结构如图4—1所示。

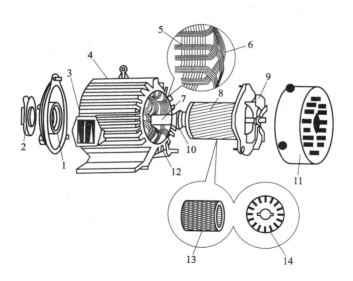

图4—1　三相笼型异步电动机的基本结构

1—端盖　2—轴承盖　3—接线盒　4—散热筋　5—定子铁芯　6—定子绕组

7—转轴　8—转子　9—风扇　10—轴承　11—罩壳

12—机座　13—笼型绕组　14—转子铁芯

1. 定子

定子是电动机静止不动的部分，一般由机座、定子铁芯和定子绕组组成。定子的作用是产生旋转磁场。

（1）机座。机座一般用铸铁和铸钢制成，其作用是固定定子铁芯和定子绕组，并通过前后两个端盖支撑转子轴。

（2）定子铁芯。定子铁芯由相互绝缘的硅钢片叠制而成，在硅钢片内圆上冲有均匀分布的槽口，用来嵌放三相定子绕组，如图 4—2 所示。

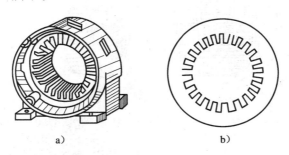

图 4—2　未装绕组的定子和定子冲片

a）定子　b）定子冲片

（3）定子绕组。定子绕组是电动机的电路部分，由三相对称绕组组成。三相绕组的各相绕组彼此独立，按照互差 120° 的电角度嵌放在定子槽内，并与铁芯绝缘。以 U1、V1、W1 分别代表三个绕组首端，以 U2、V2、W2 分别代表三个绕组末端。

2. 转子

转子是电动机的旋转部分，它由转子铁芯、转子绕组和转轴三部分组成。

（1）转子铁芯。转子铁芯是把相互绝缘的硅钢片压装在转子轴上的圆柱体，其外圆上冲有嵌放转子绕组用的均匀槽口，这些槽口通常称为导线槽。

（2）转子绕组。转子绕组分为笼型和绕线型两类。笼型绕组是一个自行闭合的绕组，它是在导线槽内嵌放铜条（或铸铝），在铁芯两端分别用导电的铜环将导线槽内的铜条连接起来，形成回路。如图4—3a、图4—3b所示。

绕线型转子的槽内嵌有用绝缘导线组成的三相绕组，绕组的三个出线端接到设置在转轴上的三个集电环上，再通过电刷引出，如图4—3c所示。这种转子的特点是，可以在转子绕组中接入外加电阻，以改善电动机的启动和调速性能。

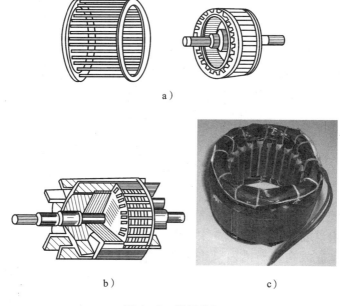

a）

b）   c）

图4—3 转子绕组
a）铜条笼型转子 b）铸铝笼型转子 c）绕线型转子

二、三相异步电动机的工作原理

1．两极定子绕组的旋转磁场

在三相异步电动机中，旋转磁场是由定子绕组中的三相交流电产生的。图4—4表示三相对称定子绕组 U1—U2，V1—V2，

W1—W2 作星形联结，三个绕组在空间互成 120°排列。当把它们的首端 U1、V1、W1 接在三相对称正弦交流电源上时，便有三相对称的电流流过三相绕组。设三相电源的相序为 L1、L2、L3，且电流 i_1 的初相位为零，且各相电流的相位差都是 120°，如图 4—5 所示。

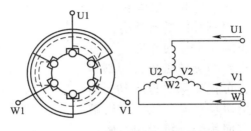

图 4—4　三相两极绕组排列图

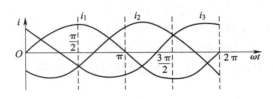

图 4—5　三相绕组电流波形图

三相绕组中通过正弦交流电，则每个绕组都会产生一个按正弦规律变化的磁场，对称三相电流 i_1、i_2、i_3，分别通入三相绕组后，能产生一个随时间旋转的磁场（称为旋转磁场）。上面讨论的旋转磁场只有一对磁极（一个 N 极和一个 S 极），所以叫作两极旋转磁场。

对两极旋转磁场来说，当三相交流电变化一周时，磁场在空间旋转一周。若交流电的频率为 f 时，旋转磁场的转速为 n_1（r/min)，这里称为同步转速，$n_1 = 60f$。

对于四极的（即两对）旋转磁场来说，交流电变化一周，磁场只转过 180°（1/2 周），依次类推，当旋转磁场具有 p 对磁极时，每当交流电变化一周，旋转磁场在空间转过 $1/p$ 周。即当交流电的频率为 f，具有 p 对磁极的旋转磁场的转速为：

$$n_1 = 60f/p$$

式中　　n_1——旋转磁场转速，也叫同步转速，r/min；

　　　　f——三相交流电源的频率，Hz；

　　　　p——旋转磁场的磁极对数。

2. 旋转磁场对转子的作用

定子中产生的旋转磁场将切割转子铜条，此时可把磁场看成不动，而认为转子相对磁场运动。假设旋转磁场是顺时针方向旋转，转子相对磁场做逆时针转动，如图 4—6 所示。

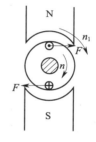

图4—6　转子转动原理

在转子铜条中产生的感应电动势和感应电流，可用右手定则确定方向：在转子上半部的铜条中感应电流的方向是流出纸面的；在转子下半部铜条中感应电流的方向是流入纸面的。

转子中产生的感应电流同时与旋转磁场作用，产生电磁力，可根据左手定则判断出转子上顶部的铜条受力方向向右；下顶部的铜条受力方向向左，这两个力大小相等、方向相反，形成电磁转矩。于是转子就随旋转磁场方向转动起来。这就是三相异步电动机的工作原理。

转子的转动方向与旋转磁场的旋转方向一致，旋转磁场的转向与通入定子绕组的三相交流电源相序有关，如果把三相电源接到定子绕组首端的三根导线中的任意两根对调位置，旋转磁场则反向转动，电动机也就跟着改变转向。

三、三相异步电动机铭牌

每台异步电动机的机座外侧都有一块铭牌，上面简要标出了这台电动机的型号、额定运行数据及使用条件等。要正确选择和使用异步电动机，首先必须了解其铭牌上的数据。如一台Y-112M-4型异步电动机，它的铭牌如图4—7所示。

三相异步电动机			
型号 Y-112M-4		编号	
4.0 kW		8.8 A	
380 V	1 440 r/min		LW 82 dB
接法 D 联结	防护等级 IP44	50 Hz	45 kg
标准编号	定额　连续	B 级绝缘	×年×月
×××电机厂			

图4—7　三相异步电动机的铭牌

1. 型号（Y-112M-4）

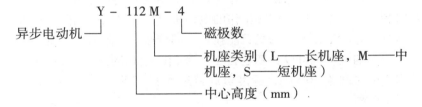

2. 额定功率（4.0 kW）

表示电动机在额定运行情况下，允许从转轴输出的机械功率，单位为 W 或 kW。

3. 额定电压（380 V）

表示电动机在额定运行情况下，输入定子三相绕组的线电压，单位为 V。如果铭牌上有两个电压数据，则表示定子绕组在两种不同接法时的线电压。

4. 额定频率（50 Hz）

是规定电动机所接交流电源的频率，单位为 Hz。我国电源的标准频率为 50 Hz。

5. 额定转速（1 440 r/min）

表示电动机在额定运行情况下的转速，单位为 r/min。

6. 接法（△）

这是电动机在额定电压下，定子三相绕组采用的联结方法，一般有三角形（△）联结和星形（Y）联结两种。

7. 额定电流（8.8 A）

表示电动机在额定运行情况下，定子三相绕组的线电流，单位为 A。如果铭牌上标有两个电流数据，则表示定子绕组在两种不同接法时的线电流。

8. 绝缘等级（B 级绝缘）

表示电动机所用的绝缘材料的耐热等级。E 级绝缘的允许极限温度为 120℃；B 级绝缘为 130℃；F 级绝缘为 155℃。

9. 定额（连续）

定额是一组额定值及工作条件。电动机的定额分为连续、短时和周期工作三种。连续工作的电动机可以不受时间的限制连续运行；短时工作的电动机只能在规定的持续时间限值内运行；周期工作的电动机可以长期运行于一系列完全相同的周期条件下，周期的时间为 10 min，标准负载持续率有 15%、25%、40% 和 60% 四种。

10. 防护等级（IP44）

笼型电动机按其外壳的防护形式不同可分为开启式（IP11）、防护式（IP22 及 IP23）、封闭式（IP44）等几种。

模块二 变 压 器

一、变压器的用途和基本结构

1. 变压器的用途

变压器是一种静止的电气设备。它是根据电磁感应原理，把某一数值的交变电压变换为频率相同而大小不同的交变电压。

在输电系统中，为减少电能在输电线路上的损耗并节约电线材料，采用高压输电，输电电压一般为 110 kV、220 kV、500 kV。在输电时要用变压器将电压升高。电能输送到用电区域后，为了保证安全用电和满足用电设备的电压要求，必须用变压器将高电压降低。例如：工厂的动力用电，其高压为 35 kV、10 kV 等，低压为 380 V、220 V 或 36 V 等。

变压器除用于改变电压外，还可用于改变电流、变换阻抗等。变压器是输配电、电工测量和电子技术等方面不可缺少的电气设备。

2. 变压器的基本结构

变压器主要是由一个闭合的软磁铁芯和两个套在铁芯上相互绝缘的绕组所构成，变压器的基本结构和符号如图 4—8 所示。与交流电源相接的绕组叫作一次绕组，与负载相接的绕组叫作二次绕组。

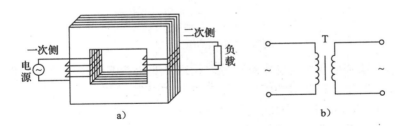

图 4—8　变压器的基本结构和符号

a) 基本结构　b) 符号

根据需要，变压器的二次绕组可以有多个，以提供不同的交流电压。图 4—9 所示是油浸式电力变压器，其主体部分浸入盛满变压器油的箱体内部。变压器油能使变压器冷却并增强绝缘性能。为使变压器安全可靠地运行，箱体上设有高、低压绝缘套管、储油柜、分接开关、干燥器、气体继电器和温度计等附件。

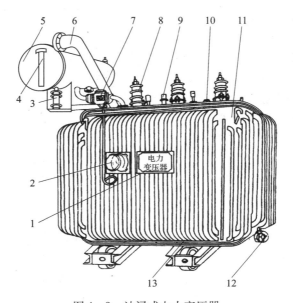

图 4—9 油浸式电力变压器

1—铭牌 2—温度计 3—吸湿器 4—油表 5—储油柜 6—安全气道
7—气体继电器 8—高压套管 9—低压套管 10—分接开关
11—油箱 12—放油阀门 13—接地板

铁芯是变压器的磁路部分，绕组是变压器的电路部分。根据变压器铁芯和绕组的配置情况，变压器有芯式和壳式两种形式。图 4—10a 所示为芯式变压器结构示意图，其绕组环绕着铁芯柱，是应用最多的一种结构形式。图 4—10b 所示为壳式变压器结构示意图，其绕组被铁芯包围，仅用于小功率的单相变压器和特殊用途的变压器。

二、变压器的工作原理

通常，凡与一次侧有关的各物理量，都在其符号的右下角标以"1"，而与二次侧有关的各量，都在其符号的右下角标以"2"。如一次、二次电压、电流、匝数、功率分别为：u_1、u_2；i_1、i_2；N_1、N_2；P_1、P_2 等。

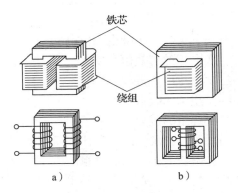

图 4—10　芯式变压器和壳式变压器

a）芯式　b）壳式

1. 变压原理

如图 4—11 所示，当变压器一次绕组接上交流电源、二次绕组接上负载阻抗 Z 时变压器便在负载下运行起来。

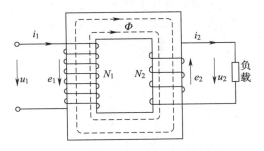

图 4—11　单相变压器原理

变压器一次绕组在交流电压 u_1 作用下，在一次绕组内产生一个交流电流 i_1，这个电流在铁芯中产生一交变磁通 Φ，由于一次、二次绕组同绕在一个铁芯上，所以交变磁通 Φ 在穿过一次绕组的同时也穿过二次绕组，根据互感原理，在变压器二次侧感应出交变电动势 e_2；如果二次绕组接上用电设备，便有电压 u_2

输出，即产生了变压器二次电流 i_2。经过公式推导，可得：

$$E_1/E_2 = U_1/U_2 = N_1/N_2 = K_u$$

式中　E_1、E_2——一次、二次绕组感应电动势，V；

$\quad\quad U_1$——一次电压的有效值，V；

$\quad\quad U_2$——二次电压的有效值，V；

$\quad\quad N_1$——一次绕组的匝数；

$\quad\quad N_2$——二次绕组的匝数；

$\quad\quad K_u$——一次侧、二次侧的电压比或匝数比。

上式表明，变压器一次、二次绕组的电压比等于它们的匝数比。当 $K_u > 1$ 时，$N_1 > N_2$，$U_1 > U_2$，这种变压器是降压变压器；当 $K_u < 1$ 时，$N_1 < N_2$，$U_1 < U_2$，这种变压器是升压变压器。可见，只要选择一次、二次绕组的匝数比，就可实现升压或降压的目的。

2. 变流原理

变压器在变压过程中只起能量传递的作用，无论变换后的电压是升高还是降低，电能都不会增加。根据能量守恒定律，在忽略损耗时，变压器的输出功率 P_2 应与变压器从电源中获得的功率 P_1 相等，即 $P_1 = P_2$。于是当变压器只有一个二次绕组时，应有下述关系：

$$I_1 U_1 = I_2 U_2$$

或
$$I_1/I_2 = U_2/U_1 = N_2/N_1 = 1/K$$

上式说明，变压器工作时其一次侧、二次侧电流比与一次侧、二次侧电压比或匝数比成反比，而且一次电流随二次电流的变化而变化。

变压器是根据电磁感应原理而工作的，它只能改变交流电压，而不能使直流电变压，因为直流电的大小和方向不随时间变化，在铁芯内产生的磁通也是恒定不变的，因而就不能在变压器二次绕组中感应出电动势，所以变压器无法对直流电起变压作用。

三、变压器的主要参数

1. 额定电压

一次绕组的额定电压是根据变压器的绝缘等级和允许发热条件规定的，是指变压器额定运行时，加到一次绕组上的电源线电压。

二次绕组的额定电压是指一次绕组加上额定电压后，变压器在空载运行时，二次绕组的电压值。

2. 额定电流

额定电流是指变压器正常运行，发热量不超过允许值的条件下所规定的满载电流值。

在变压器运行时，超过了额定电流就是处于过载运行。变压器长期过载运行，绕组产生高温，会严重影响变压器的使用寿命，因此变压器不允许随意过载。

3. 额定容量

指一台变压器在额定状态下运行时所能传递的最大功率，单位是千伏·安（kV·A）。对于一台单相变压器，额定容量为二次额定电压和额定电流的乘积；对于一台三相变压器，则为三相容量的总和。

在实际使用时，应使变压器的容量能够得到充分利用。一般负载应为变压器额定容量的 75%～90%。如果实测负载经常小于 50%，应换小容量的变压器；大于变压器额定容量时应换大容量的变压器。

练 习 题

一、填空题（将正确答案写在横线上）

1. 产生旋转磁场的必要条件是在三相对称＿＿＿＿＿＿中通入＿＿＿＿＿。

电动机是把_____能转换成_____能的动力设备。一般分为_____和_____两大类。三相笼型异步电动机主要由_____和_____组成。定子的作用是_____，转子的作用是____。

2. 变压器是根据电磁感应原理把某一数值的交变电压变换为_____相同而_____不同的交变电压。

3. 油浸式电力变压器，其主体部分浸入盛满变压器油的箱体内部。变压器油能使变压器____并增强____。

4. 铁芯是变压器的_____部分，绕组是变压器的_____部分。与交流电源相接的绕组称_____绕组，与负载相接的绕组称_____绕组。

二、判断题（正确的画"√"，错误的画"×"）

1. 三相异步电动机主要由定子和转子两部分组成。（　　）

2. 机座一般用铸铁和铸钢制成，其作用是固定定子铁芯和定子绕组，并通过前后两个端盖支撑转子轴。（　　）

3. 转子是电动机的旋转部分，它由转子铁芯、转子绕组和转轴三部分组成。（　　）

4. 转子绕组是在导线槽内嵌放铜条（或铸铝），在铁芯两端分别用导电的铜环将导线槽内的铜条连接起来，形成回路。
（　　）

5. 在三相笼型异步电动机中，旋转磁场是由定子绕组中的三相交流电产生的。（　　）

6. 变压器是一种静止的电气设备。它是根据电磁感应原理，把某一数值的交变电压变换为频率相同而大小不同的直流电压。
（　　）

7. 在输电系统中，为减少电能在输电线路上的损耗并节约电线材料，采用高压输电，输电电压一般为 110 kV、220 kV、500 kV。（　　）

8. 铁芯是变压器的电路部分，绕组是变压器的磁路部分。
（　　）

9. 变压器与交流电源相接的绕组叫作二次绕组，与负载相接的绕组叫作一次绕组。 （ ）

10. 变压器的铁芯结构有芯式和壳式两种形式。 （ ）

11. 变压器一次、二次绕组的电压比等于它们的匝数比。
（ ）

12. 变压器工作时其一次侧、二次侧电流比与一次侧、二次侧电压比或匝数比成反比，而且一次电流随二次电流的变化而变化。 （ ）

13. 变压器对直流电也起变压作用。 （ ）

14. 变压器额定电流是指变压器正常运行，发热量不超过允许值的条件下所规定的满载电流值。 （ ）

三、选择题（将正确答案的代号写在括号内）

1. 在三相笼型异步电动机中，旋转磁场是由（ ）绕组中的三相交流电产生的。

A. 定子 B. 转子 C. 机座

2. （ ）是电动机的电路部分，由三相对称绕组组成。

A. 定子铁芯 B. 定子绕组 C. 机座

3. 工厂的动力用电，其高压为（ ）等，低压为 380 V、220 V 或 36 V 等。

A. 5 kV、1 kV B. 3 kV、2 kV C. 35 kV、10 kV

4. 在输电系统中，为减少电能在输电线路上的损耗并节约电线材料，采用高压输电，在输电时要用变压器将电压（ ）。

A. 降低 B. 升高 C. 不变

5. 根据能量守恒定律，在忽略损耗时，变压器的输出功率 P_2 应与变压器从电源中获得的功率 P_1（ ）。

A. 相等 B. 不等 C. 无法确定

6. 变压器一次绕组的（ ）是根据变压器的绝缘等级和允许发热条件规定的，是指变压器额定运行时，加到一次绕组上的电源线电压。

A．额定电流　　B．额定电压　　C．额定功率

7．变压器二次绕组的（　　　）是指一次绕组加上额定电压后，变压器在空载运行时，二次绕组的电压值。

A．额定电压　　B．额定电流　　C．额定功率

8．变压器（　　　）指一台变压器在额定状态下运行时所能传递的最大功率。

A．额定功率　　B．额定容量　　C．额定电流

9．在实际使用时，应使变压器的容量能够得到充分利用。一般负载应为变压器额定容量的（　　　）。

A．15%～20%　　B．75%～90%　　C．25%～30%

10．在实际使用时，应使变压器的容量能够得到充分利用。如果实测负载经常小于（　　　）时，应换小容量的变压器。

A．50%　　　　　B．75%　　　　　C．90%

第五单元　常用低压电器及电动机基本控制电路

模块一　常用低压电器

一、低压开关

在电力拖动系统中，低压开关多数用作机床电路的电源开关和局部照明电路的控制开关，有时也可用来直接控制小容量电动机的启动、停止和正反转。

1. 负荷开关

（1）开启式负荷开关

1）功能。开启式负荷开关，又称为瓷底胶盖刀开关，简称刀开关。它结构简单，价格便宜，手动操作，适用于交流频率50 Hz，额定电压单相220 V 或三相380 V，额定电流 10 ~ 100 A 的照明、电热设备及小容量电动机等不需要频繁接通和分断电路的控制线路，并起短路保护作用。

胶盖刀开关的型号（HK2—□/□）含义如下：

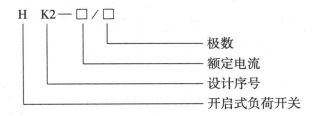

2）结构与符号。开启式负荷开关的结构与符号如图 5—1 所示。开关的瓷底座上装有进线座，静触头、熔体出线座和带瓷质手柄的刀式动触头，上面盖有胶盖，以防止人员操作时触及带电体或开关分断时产生的电弧飞出伤人。

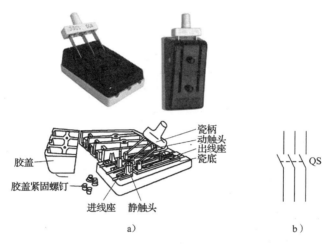

图 5—1　HK 系列瓷底胶盖刀开关
a) 外形图　b) 符号

3）选用。HK 系列开启式负荷开关用于一般的照明电路和功率小于 5.5 kW 的电动机控制线路中。这种开关没有专门的灭弧装置，其刀式动触头和静夹座易被电弧灼伤引起接触不良，因此不宜用于操作频繁的电路。具体选用方法如下：

用于照明和电热负载时，选用额定电压 220 V 或 250 V，额定电流不小于电路所有负载额定电流之和的两级开关。

用于控制电动机的直接启动和停止时，选用额定电压 380 V 或 500 V，额定电流不小于电动机额定电流 3 倍的三级开关。

（2）封闭式负荷开关。图 5—2 所示为封闭式负荷开关，它是在开启式负荷开关的基础上改进而成的，因其外壳多为铸铁或薄钢板冲压而成，故俗称铁壳开关。

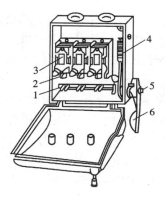

图 5—2　封闭式负荷开关

1—触刀　2—夹座　3—熔断器　4—速断弹簧　5，6—手柄

1）功能。适用于交流频率 50 Hz，额定工作电压 380 V，额定工作电流至 400 A 的电路中，用于手动不频繁地接通和分断带负载的电路及电路末端的短路保护，或控制 15 kW 以下小容量交流电动机的直接启动和停止。

2）结构特点及型号含义。HH 系列封闭式负荷开关主要由操作机构、熔断器、触头系统和铁壳构成。把闸刀固定在一根绝缘方轴上，由手柄操纵。操作机构具有两个特点：一是采用储能分合闸方式，在手柄转轴与底座间装有弹簧，以执行合闸与分闸，在速断弹簧的作用下，动触头与静触头分开，使电弧迅速拉长而熄灭；二是具有机械联锁，当铁盖打开时，刀开关被卡住，不能操作合闸。铁壳合上，操作手柄使开关合闸后，铁壳不能打开。

封闭式负荷开关的型号及含义：

H H □—□/□

HH——封闭式负荷开关

□——依次是：设计序号；额定电流；级数。

3）选用。封闭式负荷开关的额定电压应不小于工作电路的额定电压；额定电流应等于或稍大于电路的工作电流。用于控制电动机工作时，考虑到电动机启动电流较大，应使开关的额定电流不小于电动机额定电流的3倍。

2．组合开关

HZ 系列组合开关，又称为转换开关，其特点是体积小，触头对数多，接线方式灵活，操作方便。

（1）功能。它主要用在交流 50 Hz、380 V 以下，直流 220 V 及以下电路中，作电源开关，也可以作为 5 kW 以下小容量电动机的直接启动控制，以及电动机控制线路及机床照明控制电路中。

（2）外形、符号及结构。如图 5—3 所示，为 HZ10 – 10/3 型组合开关。

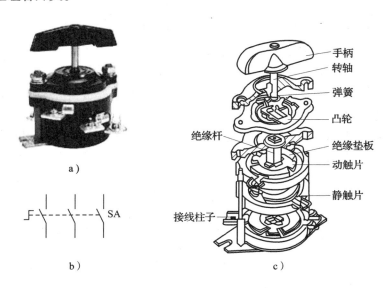

a）

b）

c）

图 5—3　HZ10 – 10/3 型组合开关

a）外形　b）符号　c）结构

HZ10－10/3 型组合开关，其静触头装在绝缘垫板上，并附有接线柱用于与电源与负载相接，动触头装在能随转轴转动的绝缘垫板上，手柄和转轴能沿顺时针和逆时针方向转动 90°，带动三个动触头与静触头接触和分离，达到接通和分断电路的目的。

（3）型号及含义

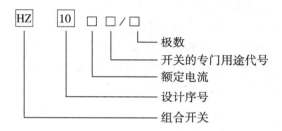

二、熔断器

低压熔断器在低压电路和电动机控制电路中起短路保护的作用，通常简称熔断器。具有结构简单、造价低、使用维护方便、体积小、质量轻等特点，因此应用十分广泛。

熔断器是串联在被保护电路中的，当电路电流超过一定值时，熔体因发热而熔断，使电路被切断，从而起到保护作用。

1. 熔断器的结构及符号

（1）熔断器的结构。熔断器由熔体、安装熔体的熔管和底座三部分组成。

1）熔体。由易熔金属材料铅、锌、锡、铜、银及其合金制成，形状常为丝状、片状或栅状。由铅锡合金和锌等低熔点金属制成的熔体，因不易灭弧，多用于小电流电路；由铜、银等高熔点金属制成的熔体，易于灭弧，多用于大电流电路。

2）熔管。是熔体的保护外壳，用耐热绝缘材料制成，在熔体熔断时兼有灭弧作用。

3）底座。是熔断器的底座，用于固定熔管和外接引线。

（2）熔断器的符号。熔断器的符号如图5—4所示。

FU

2．常用低压熔断器

常用的低压熔断器有瓷插式熔断器、螺旋式熔断器及自复熔断器。

图5—4　熔断器的符号

（1）RC1 A系列瓷插式熔断器。瓷插式熔断器，又名插入式熔断器，如图5—5所示，由瓷盖、瓷底座、静触头、动触头和熔体组成。它是一种最常见的结构简单的熔断器，熔体更换方便，价格低廉。

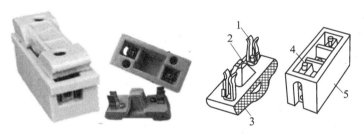

图5—5　RC1 A系列瓷插式熔断器外形及结构
1—动触头　2—熔丝　3—瓷盖　4—静触头　5—瓷座

应用场合：一般用于交流50 Hz，额定电压380 V，额定电流5～200 A以下的低压电路末端或分支电路中，做电路和电气设备的短路保护，在照明电路中还可起到过载保护作用。

（2）RL1系列螺旋式熔断器。如图5—6所示，螺旋式熔断器由瓷帽、熔管、瓷套以及瓷座等组成。熔管是一个瓷管，内装熔体和石英砂，熔体的两端焊在熔管两端的导电金属盖上，其上端盖中间有一熔断指示器，当熔体熔断时指示器弹出，通过瓷帽上的玻璃窗口可以看见。螺旋式熔断器特点是其熔管内充满了石英砂填料，以此增强熔断器的灭弧能力。

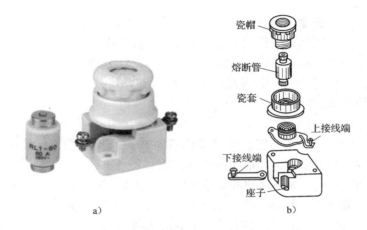

瓷帽

熔断管

瓷套

上接线端

下接线端

座子

a)　　　　　　　　b)

图5—6　RL1系列螺旋式熔断器外形及结构

优点：体积小、灭弧能力强、有熔断指示和防振等，在配电及机电设备中大量使用。此外，有填料的封闭管式熔断器，具有分断能力强、有醒目的熔断指示（当从瓷帽玻璃窗口观测到带小红点的熔断指示器脱落时，表示熔丝已经熔断），使用安全。

应用场合：广泛用于控制箱、配电屏、机床设备及震动较大的场合，在交流额定电压500 V、额定电流200 A及以下电路中，作为短路保护器件。

（3）自复熔断器

1）特点。采用金属钠作熔体，在常温下具有高电导率。当电路发生短路故障时，短路电流产生高温使钠迅速汽化，气态钠呈现高阻态，从而限制了短路电流。当短路电流消失后，温度下降，金属钠恢复原来的良好导电性能。自复熔断器只能限制短路电流，不能真正分断电路。其优点是不必更换熔体，能重复使用。

2）应用场合。适用于交流380 V的电路中与熔断器配合使用。

三、主令电器

主令电器是一种主要用来发布电气控制指令的电气元件，用于切换控制线路，以达到控制其他电器动作或特定控制功能的目的。最常见的主令电器有按钮开关、行程开关、万能转换开关、主令控制器。

1. 按钮

（1）按钮的功能。按钮又称按钮开关或控制按钮。按钮的品种规格繁多，部分常用按钮的实物如图5—7所示。根据操作手柄的不同，又有按钮和旋钮之分。按钮是一种短时接通或断开小电流电路的手动电器，常用于控制电路中发出启动或停止等指令，以控制接触器、继电器等电器的线圈电流的接通或断开，再由它们去接通或断开主电路。

图5—7　LA19系列按钮的外形

（2）按钮的结构、符号和原理。按钮一般由钮帽，复位弹簧，桥式动触头，静触头，支柱连杆及外壳等部分组成，外形如图5—7所示。

按钮按不受外力作用（静态）时触头的分合状态，分为启动按钮（常开按钮），停止按钮（常闭按钮）和复合按钮（常开、常闭触头组合为一体的按钮），各种按钮的结构与符号如图5—8所示。

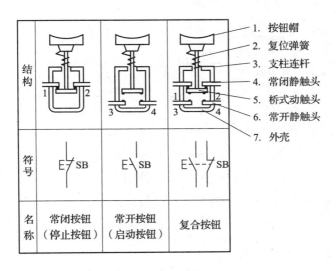

结构			1. 按钮帽 2. 复位弹簧 3. 支柱连杆 4. 常闭静触头 5. 桥式动触头 6. 常开静触头 7. 外壳
符号	E⌐7 SB	E⌐\ SB	E⌐--\ SB	
名称	常闭按钮 （停止按钮）	常开按钮 （启动按钮）	复合按钮	

图5—8 按钮结构及符号

对启动按钮而言，按下按钮帽时触头闭合，松开后触头自动复位；复合按钮是当按下按钮帽时，桥式动触头向下运动。使常闭触头先断开后，常开触头才闭合；当松开按钮帽时，则常开触头先分断复位后，常闭触头再闭合复位。

常开按钮：未按下时，触头是断开的；当按下时，触头接通；松开后，在复位弹簧作用下触头又返回原位断开。它常用作启动按钮。

常闭按钮：未按下时，触头是闭合的；当按下时，触头被断开；松开后，在复位弹簧作用下触头又返回原位闭合。它常用作停止按钮。

复合按钮：将常开按钮和常闭按钮组合为一体。当按下时，其常闭触头先断开，然后常开触头闭合；松开后，在复位弹簧作用下触头又返回原位。

（3）按钮的型号及含义

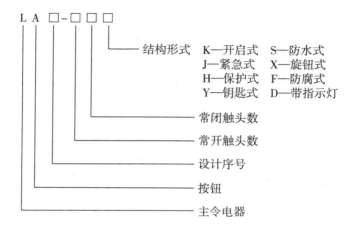

（4）按钮的选用

1）根据使用场合和具体用途选择按钮的种类。例如，嵌装在操作面板上的按钮可选用开启式；需显示工作状态的选用带指示灯式；需要防止无关人员误操作的重要场合宜用钥匙操作式；在有腐蚀性气体处要用防腐式。

2）根据工作状态指示和工作情况要求，选择按钮或指示灯的颜色。例如，启动按钮可选用白、灰或黑色，优先选用白色，也可选用绿色。急停按钮应选用红色。停止按钮可选用黑、灰或白色，优先用黑色，也可选红色。

3）根据控制回路的需要选择按钮的数量。如单联钮，双联钮和三联钮等。

2. 行程开关

（1）行程开关的功能。行程开关是一种利用生产机械某些运动部件的碰撞来发出控制指令的主令电器。主要用于控制生产机械的运动方向、速度、行程大小或位置，在电路中依照生产机械的行程发出命令，用于切换控制线路，以控制其他电器动作，从而控制其运动方向或行程长短，所以称为行程开关。有时将行程开关安装在运动机械行程终端处，以限制其行程，这时又称为限位开关。在各种机械设备、装置及其他控制场合，行程开关得到广泛应用，用于实现对机械运动部件的控制，限制它们的动作、行程和位置，并以此对机械设备实现保护。部分常用行程开关的实物如图5—9所示。

a)   b)

图5—9　部分常用行程开关
a) 按钮式　b) 双轮旋转式

（2）行程开关的结构原理、符号。机床中常用的行程开关有 LX19 系列和 JLXK1 等系列，各系列行程开关的基本结构大体相同，都是由操作机构、触头系统和外壳组成。

行程开关按其结构分为直动式、滚轮式和微动式三种。行程开关动作后，按复位方式分为自动复位和非自动复位两种。

动作原理：如图5—10b 所示，当运动机械的挡铁压行程开关的滚轮 1 时，杠杆 2 连同转轴 3 一起转动，使凸轮 7 推动撞块 5。当撞块被压到一定位置时，推动微动开关 6 动作，使其常闭触头断开，常开触头闭合。在当运动机械的挡铁离开后，复位弹簧使行程开关各部位部件恢复常态。

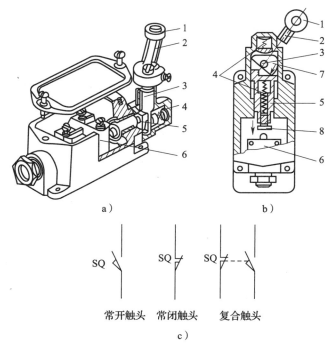

a）   b）

c）

常开触头   常闭触头   复合触头

图5—10   JLXK1型行程开关结构、动作原理及符号

1—滚轮   2—杠杆   3—转轴   4—复位弹簧   5—撞块

6—微动开关   7—凸轮   8—调节螺钉

符号如图5—10c所示。

（3）型号及含义。LX19系列和JLXK1系列行程开关的型号及含义如下：

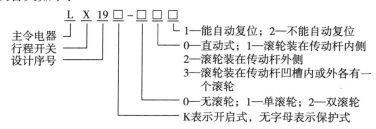

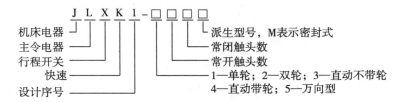

机床电器 ─┐ J L X K 1 - □□□□
主令电器 ──┤   └─ 派生型号，M表示密封式
行程开关 ──┤   └── 常闭触头数
快速 ────┤   └─── 常开触头数
设计序号 ──┘   └──── 1—单轮；2—双轮；3—直动不带轮
                          4—直动带轮；5—万向型

（4）行程开关的选用。行程开关的主要参数是型式、工作行程、额定电压及触头的电流容量，在产品说明书中都有详细说明。主要根据动作要求、安装位置及触头数量进行选择。

3. 万能转换开关

（1）万能转换开关的功能。万能转换开关是控制多回路的主令电器。主要用于控制线路的转换及电气测量仪表的转换，也可用于小容量异步电动机的启动、换向及变速。其外形如图5—11a 所示。

（2）万能转换开关的结构。万能转换开关主要由触头系统、操作机构、转轴、手柄、定位机构等部件组成，用螺栓组成一个整体。如图5—11b 所示。由于凸轮的形状不同，当手柄处于不同的操作位置时，触头的分合情况也不同，从而达到换接电路的目的。

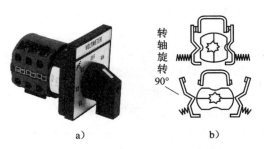

a)   b)

图5—11 LW12 万能转换开关外形及结构

a）外形 b）凸轮通断触点示意图

（3）万能转换开关图形符号（SA）如图5—12所示。图中"—○○—"代表一路触头，竖的虚线表示手柄位置。当手柄置于某一个位置时，处于接通状态的触头下方虚线上就标注黑点"·"。

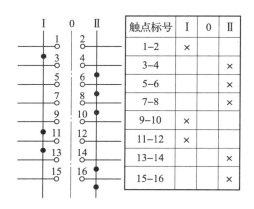

触点标号	I	0	II
1—2	×		
3—4			×
5—6	×		
7—8			×
9—10	×		
11—12	×		
13—14			×
15—16			×

图5—12　万能转换开关图形符号

四、接触器

接触器最主要的用途是控制电动机的启动、反转、制动和调速等，因此它是电力拖动控制系统中最重要也是最常用的控制电器之一。它具有低电压释放保护功能。它具有比工作电流大数倍乃至十几倍的接通和分断能力，但不能分断短路电流。

按接触器主触点控制的电路中电流种类分为交流接触器和直流接触器两种，本书只介绍交流接触器。

1. 交流接触器型号及含义

交流接触器的种类很多，空气电磁式交流接触器应用最为广泛，常用的有国产的 CJ10、CJ20、CJ40 等系列，引进国外先进技术生产的 CJX1 系列、CJX8、CJX2 系列等。CJ20 和 CJ10 系列交流接触器的外形如图5—13所示。

图 5—13　CJ20 和 CJ10 系列交流接触器外形

现以 CJ20 系列为例说明接触器型号的含义：

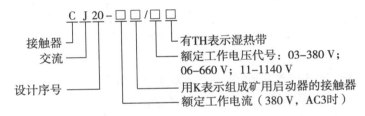

2. 交流接触器的结构和符号

交流接触器主要由电磁系统、触头系统、灭弧系统及辅助部件等组成，如图 5—14 所示。

（1）电磁系统。由线圈、铁芯（静铁芯）和衔铁（动铁芯）组成。其作用是利用电磁线圈的通电和断电，使衔铁和铁芯吸合或释放，从而带动动触头与静触头闭合或分断，达到接通或断开电路的目的。

（2）触头系统。触头是接触器的执行部分，按通断能力可分为主触头和辅助触头。主触头的作用是接通和分断电流较大的主电路，一般由三对常开的触头组成。辅助触头的作用是接通和分断电流较小的控制电路，一般由两对常开的触头和两对常闭的触头组成。

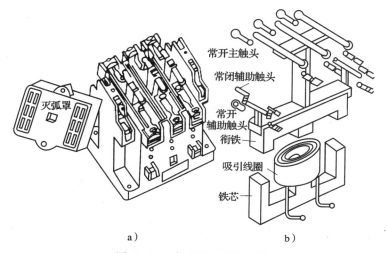

常开主触头

常闭辅助触头

常开辅助触头

衔铁

吸引线圈

铁芯

灭弧罩

a）   b）

图 5—14 交流接触器的结构

a）触头系统、灭弧系统 b）电磁系统

所谓触头的常开和常闭是指电磁系统未通电动作前触头的状态。

（3）灭弧系统。灭弧装置用来保证触头断开电路时，产生的电弧能可靠地熄灭，减少电弧对触头的损伤。为了迅速熄灭断开时的电弧，通常接触器都装有灭弧装置，一般采用半封式纵缝陶土灭弧罩，并配有强磁吹弧回路。

（4）辅助部件。有反作用弹簧、缓冲弹簧、触头压力弹簧、接线柱、传动机构及底座等。

（5）交流接触器的符号。交流接触器的符号如图 5—15 所示。

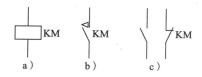

a）   b）   c）

图 5—15 交流接触器的符号

a）线圈 b） 主触头 c）辅助触头

3. 交流接触器的工作原理

当接触器的线圈通电后，线圈中的电流产生磁场，使静铁芯磁化产生足够大的电磁吸力，克服反作用弹簧的反作用力将衔铁吸合，衔铁通过传动机构带动辅助常闭触头先断开，三对常开主触头和两对辅助常开触头后闭合；当接触器线圈断电或电压显著下降时，由于铁芯的电磁吸力消失或过小，衔铁在反作用弹簧力的作用下复位，并带动各触头恢复到原始状态。

4. 接触器的选择

（1）选择类型。根据所控制的电动机或负载的电流种类选择接触器的类型。若控制系统中主要是交流对象，而直流对象容量较小，也可全用交流接触器，只是触头的额定电流要选大些。

（2）选择接触器主触头的额定电压。接触器主触头的额定电压应大于或等于主电路的额定电压。

（3）选择主触头的额定电流。接触器主触头的额定电流应大于或等于负载的额定电流。

（4）选择接触器吸引线圈的额定电压。当控制线路简单时，为节省变压器，也可选用 380 V 或 220 V 的电压。当控制线路复杂，使用的电器比较多时，从人身和设备安全考虑，线圈的额定电压可选得低一些，可用 36 V 或 110 V 电压的线圈。

五、继电器

继电器是一种根据输入信号的变化来接通或分断小电流电路，实现自动控制和保护电力拖动装置的电器。常用的有热继电器、中间继电器、时间继电器等。

1. 中间继电器

中间继电器的结构及工作原理与交流接触器基本相同，又称为接触器式继电器，其外形及结构如图 5—16 所示。中间继电器触头对数多，且没有主辅触头之分，各对触头允许通过的电流大

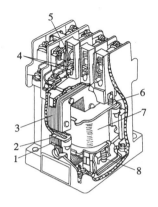

图 5—16　中间继电器外形及结构

1—静铁芯　2—短路环　3—衔铁　4—常开触头　5—常闭触头
6—反作用弹簧　7—线圈　8—缓冲弹簧

小相同，多数为 5 A。因此，对于工作电流小于 5 A 的电气控制
线路，可用中间继电器代替接触器来控制。

2. 热继电器

热继电器的形式有许多种，其中双金属片式应用最多。按极
数划分有单极、两极和三极三种，按复位方式分有自动复位式和
手动复位式两种。

（1）结构。如图 5—17 所示为两极双金属片式热继电器
的结构，它主要由热元件、传动机构、常闭触头、电流整定
装置和复位按钮组成。热继电器的热元件由双金属片和绕在
外面的电阻丝组成。双金属片由两种热膨胀系数不同的金属
片复合而成。

（2）工作原理。使用热继电器对电动机进行过载保护时，
需要将热元件与主电路串联，将热继电器的常闭触头串联在控制
电路中。

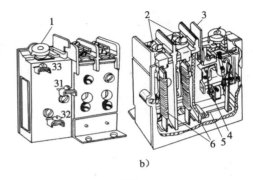

a)

b)

图5—17　热继电器的外形和结构

a）外形　b）结构图

1—电流整定装置　2—主电路接线柱　3—复位按钮　4—常闭触头　5—动作机构

6—热元件　31—公共动触头接线柱　32—常开触头接线柱　33—常闭触头接线柱

当电动机正常工作时，通过额定电流，热元件发热，双金属片受热后弯曲，使推杆刚好与人字形拨杆接触，而又不能推动人字形拨杆。常闭触头处于闭合状态，交流接触器保持吸合，电动机正常运行。

当电动机过载时，流过电阻丝的电流超过热继电器的整定电流，电阻丝发热增多，温度升高，由于两块金属片的热膨胀程度不同而使双金属片向右弯曲，通过传动机构推动常闭触头断开，分断控制电路，再通过接触器切断主电路，实现对电动机的过载保护。电源切除后，双金属片逐渐冷却恢复原位。

热继电器的复位机构有手动复位和自动复位两种。一般自动复位的时间不大于 5 min，手动复位的时间不大于 2 min。

（3）热继电器的符号。热继电器的符号如图5—18所示。

图5—18　继电器图形符号

（4）热继电器的型号含义

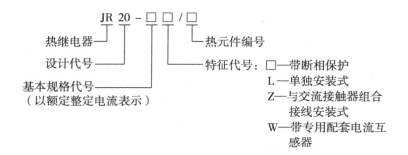

（5）热继电器的选用

1）根据电动机的额定电流来选择热继电器的规格。一般应是热继电器的额定电流略大于电动机的额定电流。

2）根据需要整定的电流值选择热元件的编号和电流等级，一般情况下，热元件的整定电流应为电动机额定电流的 0.95 ~ 1.05 倍。

3）根据电动机定子绕组的连接方式选择热继电器结构型式，即定子绕组作 Y 联结的电动机选用普通三相结构热继电器，而作 D 联结的电动机选用三相结构带断相保护装置的热继电器。

3．时间继电器

时间继电器是一种利用电磁原理或机械动作原理来延迟触头闭合或开断的自动控制电器。它的种类很多，有电磁式、电动式、空气阻尼式及半导体式，其中空气阻尼式应用最广，这种继电器结构简单，延时范围宽。JS 系列时间继电器的延时范围有 0.4 ~ 60 s 和 0.4 ~ 180 s 两种。空气阻尼式时间继电器的实物外形如图 5—19 所示。

（1）结构。空气阻尼式时间继电器由电磁系统、工作触头、气室及传动机构 4 部分组成，其结构如图 5—20 所示。

图 5—19　JS7 型时间继电器外形图

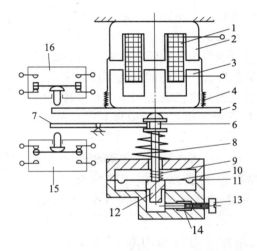

图 5—20　空气阻尼式时间继电器结构图

1—线圈　2—铁芯　3—衔铁　4—反力弹簧　5—推板　6—活塞杆　7—杠杆
8—塔形弹簧　9—弱弹簧　10—橡皮膜　11—空气室　12—活塞　13—调节螺钉
14—进气孔　15—延时触头　16—瞬时触头　17—微动按钮

（2）选用。类型选择：凡是对延时要求不高的场合，一般
采用价格较低的 JS7 - A 型空气阻尼式时间继电器；对延时要求
较高的场合，可采用半导体式时间继电器。

延时方式的选择：时间继电器有通电延时和断电延时两种，应根据控制电路的要求选择。

线圈电压的选择：根据控制电路电压来选择时间继电器吸引线圈的电压。

模块二　三相异步电动机的控制电路

一、绘制、识读电气控制线路图的原则

工程中，用规定的符号和画法，将电路绘制在图纸上，就是工程中用到的电路图。电路图一般分为电气原理图和安装接线图两种。电路图是表达和交流信息的重要工具，是电气施工的主要依据，也是进行电气设备安装、维修和检查的前提。

同一电器的各元件采用同一文字符号表示。所有电路元件的图形符号，各电器元件的触头均按电器未接通电源和没有受外力作用时的常态位置画出。分析原理时，应从触头的常态位置出发。

电路图一般分电源电路、主电路和辅助电路三部分绘制。

1）电源电路画成水平线。三相交流电源，按相序 L1、L2、L3 自上而下依次画出，中线 N 和保护地线依次画在相线之下。

2）主电路指受电的动力装置及控制、保护电器的支路等。它是由主熔断器、接触器的主触头、热继电器的热元件以及电动机等组成。主电路的电流较大，一般画在电路图的左边。

3）辅助电路一般包括控制主电路工作状态的控制电路；显示主电路工作状态的指示电路；提供机床等设备局部照明的照明电路等。它是由主令电器的触头、接触器线圈及辅助触头、继电器线圈及触头，指示灯和照明灯等组成。一般画在主电路的右

边。辅助电路通过的电流都很小，一般不超过 5 A。

以图 5—21 所示的电动机长动控制原理图为例，图中各电气设备的元件不按它们的实际位置画在一起，而是按其在电路中的作用画在不同的地方，但同一元件应使用同一文字符号表示。

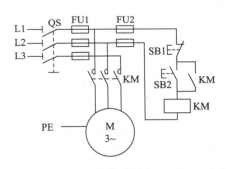

图 5—21　电动机长动控制原理图

二、三相异步电动机正转控制电路

1. **手动正转控制电路**

它是通过低压断路器来控制电动机的启动和停止的。在工厂中常用来控制三相电风扇和砂轮机等。

（1）手动正转控制电路（见图 5—22）。

（2）工作原理。启动：合上低压断路器 QF，电动机接通电源启动。停止：断开低压断路器 QF，电动机脱离电源停转。

2. **点动正转控制电路**

点动正转控制电路是用按钮、接触器控制电动机运转的最简单的正转控制电路。

（1）点动正转控制电路（见图 5—23）。

点动控制是指按下按钮，电动机就得电运转；松开按钮，电动机就失电停转。这种控制方法常用于电动葫芦的起重电动机控制和车床拖板箱快速移动电动机控制。

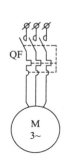

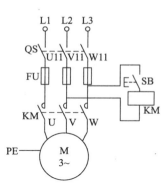

图 5—22　手动正转控制电路　　　图 5—23　点动正转控制电路

（2）工作原理。合上电源开关 QS。

启动：按下按钮 SB，接触器 KM 线圈得电，KM 主触头闭合，电动机 M 运转。

停止：放开按钮 SB，接触器 KM 线圈失电，KM 主触头断开，电动机 M 停转。

3．接触器自锁正转控制电路

在要求电动机启动后能连续运转时，要采用接触器自锁控制电路。

（1）具有自锁的正转控制电路（见图 5—24）。

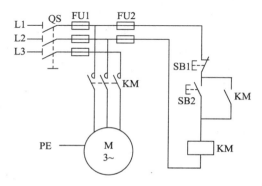

图 5—24　接触器自锁正转控制电路

（2）工作原理。先合上电源开关 QS。

启动：按下 SB2，KM 线圈得电，KM 主触头闭合，KM 常开辅助触头闭合，电动机 M 启动连续运转。

当松开启动按钮 SB2 后，接触器 KM 通过自身常开辅助触头而使线圈保持得电的作用叫作自锁。与启动按钮 SB2 并联起自锁作用的常开辅助触头叫自锁触头。

停止：按下 SB1，KM 线圈失电，KM 主触头分断，KM 常开辅助触头分断，电动机 M 失电停转。

接触器自锁控制电路不但能使电动机连续运转，而且具有欠压和失压（或零压）保护作用。当电源电压过低（一般电源电压低于接触器线圈额定电压 85%）时，接触器的电磁系统产生的电磁吸引力就克服不了复位弹簧的反作用力，动铁芯释放，接触器的主触头、辅助触头均断开，电动机失去电源，得到低电压保护。

4. 具有过载保护的接触器自锁正转控制电路

很多时候电动机需要长时间连续工作，也就是需要接触器长时间保持在通电状态。具有过载保护的接触器自锁正转控制电路就能实现这种功能。

（1）控制电路（见图 5—25）。

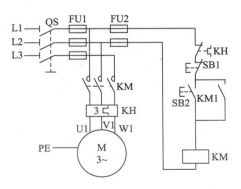

图 5—25 具有过载保护的接触器自锁正转控制电路

（2）工作原理。先合上电源开关 QS。

启动：按下按钮 SB2，接触器线圈得电，接触器主触头闭合，电动机得电运转，同时接触器的常开辅助触头闭合，使接触器线圈始终处于通电状态。

停止：按下按钮 SB1，接触器线圈失电，电动机停转。

电动机在长时间运行中，可能出现负载过大、操作频繁或断相运行等情况，就会造成电动机的电流超过额定电流，引起电动机绕组过热，严重的甚至会引起电动机损坏，因此，需采用过载保护，三相异步电动机的过载保护一般采用热继电器（图中的 KH），当负载电流超过额定值时，经过一定时间后，串接在控制电路中的热继电器的常闭触头断开，接触器 KM 线圈失电，电动机失去电源而停转，电动机得到过载保护。

三、三相异步电动机正反转控制电路

许多生产机械往往要求运动部件能正反两个方向运动。如机床工作台的前进和后退；万能铣床主轴的正传和反转等，这些生产机械要求电动机能实现正反转控制。

当改变通入电动机定子绕组的三相电源相序，即把接入电动机三相电源相序中的任意两相对调接线时，电动机就可以反转。下面介绍几种常见的正反转控制电路。

1. 接触器联锁的正反转控制

（1）接触器联锁的正反转控制电路（见图5—26）。

（2）工作原理。先合上电源开关 QS。

正转控制：按下按钮 SB2，接触器 KM1 线圈得电，KM1 的主触头闭合，电动机的接线端 U1、V1、W1 分别从电源的 L1、L2、L3 得电，电动机正转运转；同时接触器的常开辅助触头 KM1 闭合，控制线路自锁，常闭辅助触头 KM1 断开，这样再按下按钮 SB3，接触器 KM2 也不可能得电，就保证了在 KM1 工作时，反转接触器 KM2 不可能得电，也就不会造成因 KM2 得电，电源换相而引起相间短路。

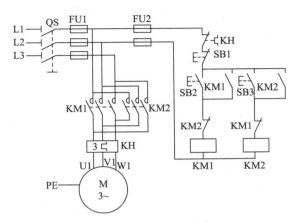

图 5—26 接触器联锁的正反转控制电路

正转停止：按下按钮 SB1，接触器 KM1 失电，电动机失电停转。

反转控制：再按下按钮 SB3，接触器 KM2 得电，KM2 的主触头闭合，电动机的接线端 U1、V1、W1 分别从电源的 L3、L2、L1 得电，电动机电源换相实现反转；同时接触器的常开辅助触头 KM2 闭合，控制电路自保持，常闭辅助触头 KM2 断开，这样再按下按钮 SB2，接触器 KM1 不可能得电。

这种利用对方接触器常闭辅助触头，使一个电路工作，另一个电路不能工作的控制方式，叫作联锁或互锁，用接触器触头实现的联锁称为电气联锁。电气联锁的优点是安全可靠，缺点是操作不方便。

2. 按钮联锁的正反转控制

（1）按钮联锁的正反转控制电路（见图 5—27）。

（2）工作原理。先合上电源开关 QS。

正转控制：按下按钮 SB2，接触器 KM1 线圈得电，KM1 的主触头闭合，电动机得电正转运转；同时按钮 SB2 也断开了 KM2 线圈回路，KM2 不会得电，起到了联锁作用。

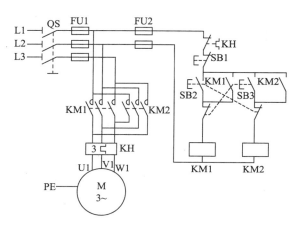

图 5—27　按钮联锁的正反转控制电路

反转控制：直接按下 SB3，先断开 KM1 线圈电路，然后 KM2 线圈得电，电动机电源换相后反转。

这种利用按钮实现联锁的控制叫作按钮联锁。按钮联锁有操作方便的优点，但不可靠，一旦接触器主触头熔焊无法断开时，按下另一个按钮后，另一接触器线圈依然能得电，造成电源相间短路。

3. 接触器、按钮双重联锁的正反转控制

（1）接触器、按钮双重联锁的正反转控制电路如图 5—28 所示。

（2）工作原理。和接触器联锁正反转控制电路、按钮联锁正反转控制电路的原理相同，也是利用了两个交流接触器对三相交流电进行换相，从而控制电动机的正向和反向运转。电路的工作原理如下：

先合上电源开关 QS。

正转控制：按下按钮 SB2，接触器 KM1 得电，KM1 的常闭辅助触头断开，这样再按下按钮 SB3，接触器 KM2 也不可能得

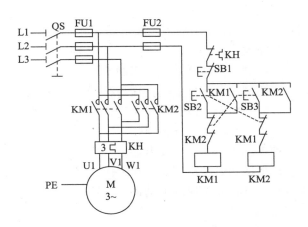

图 5—28 接触器、按钮双重联锁的正反转控制电路

电，就保证了在 KM1 工作时，反转接触器 KM2 不可能得电。之后 KM1 主触头闭合，电动机的接线端 U1、V1、W1 分别从电源的 L1、L2、L3 得电，电动机正转；同时接触器 KM1 的常开辅助触头闭合，控制线路自锁。

反转控制：按下按钮 SB3，接触器 KM2 得电，KM2 的常闭辅助触头断开，这样再按下按钮 SB2，接触器 KM1 也不可能得电，就保证了在 KM2 工作时，正转接触器 KM1 不可能得电。之后 KM2 主触头闭合，电动机的接线端 U1、V1、W1 分别从电源的 L3、L2、L1 得电，电动机电源换相反转；同时接触器 KM2 的常开辅助触头闭合，控制电路自锁。

停止：按下按钮 SB1，控制电路失电，接触器线圈失电，接触器主触头断开，电动机 M 停转。

（3）按钮、接触器双重联锁正反转控制电路的优缺点。

1）优点。按钮、接触器双重联锁正反转控制电路是按钮联锁正反转控制电路和接触器联锁正反转控制电路组合而成的一个新电路，它兼有以上两种电路的优点，既操作方便，又安全可靠，不会造成电源两相短路故障。

2）缺点。电路比较复杂，连接电路比较困难，容易出现连接错误造成电路发生故障。

四、位置控制、自动往返循环控制电路

利用生产机械运动部件上的挡铁与行程开关碰撞，使其触头动作来接通或断开电路，以实现对生产机械运动部件的位置或行程的自动控制的方法称为位置控制，又称为行程控制或限位控制。实现这种控制所依靠的主要电器是行程开关。

有些生产机械如万能铣床，要求工作台在一定距离内能自动往返，通常利用行程开关控制电动机正反转来实现。

1. 位置控制电路

（1）位置控制电路（见图5—29）。位置控制也称限位控制，利用位置开关（也称行程开关）和运动部件上的机械挡铁来实现。

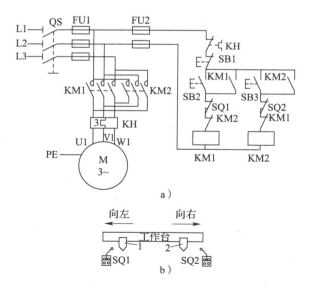

图5—29　生产机械的位置控制电路

（2）工作原理。先合上隔离开关 QS。按下按钮 SB2，KM1
线圈得电，电动机得电运转，带动生产机械向左运动，到达限制
位置时，安装在机械上的挡铁碰撞限位开关（也有将限位开关
安装在机械上的），使限位开关 SQ1 的常闭触头断开，KM1 线
圈失电而停止继续向左移动；生产机械向右运动也是同样的道
理。

2. 带终端保护的自动往返控制电路

（1）带终端保护的自动往返控制电路（见图5—30）

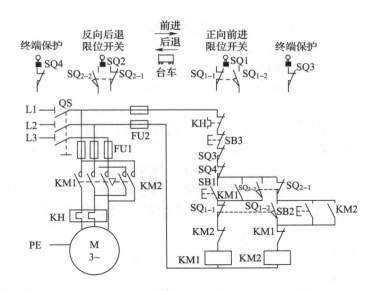

图5—30　带终端保护的自动往返控制电路

SQ1、SQ2 的作用：自动换接电动机正反转控制电路，实现
台车的自动往返行程控制。

SQ3、SQ4 的作用：用来作终端保护，以防止 SQ1、SQ2 失
灵，台车越过限定位置而造成事故。

行程开关 SQ1 的常闭触头串接在正转电路中，把另一行程

开关 SQ2 的常闭触头串接在反转电路中。当台车运动到所限位置时，其挡铁碰撞位置开关，使其触头动作，自动换接电动机正反转控制电路。控制电路中的 SB1 和 SB2 分别作为正转启动按钮和反转启动按钮。

（2）工作原理。其工作原理同位置控制电路。

练 习 题

一、填空题（将正确答案写在横线上）

1. 开启式负荷开关用于控制照明和电热负载等时，要装接熔断器作_____保护。

2. HH 系列封闭式负荷开关操作机构具有两个特点：一是采用_____方式，二是具有_____的作用。

3. 低压熔断器在低压电路和电动机控制电路中起_____的作用，通常简称熔断器，它_____在电路中，当通过的电流大于规定值时，使_____熔化而自动分断电路。

4. _____是一种主要用来发布电气控制指令的电气元件，用于切换控制线路，以达到控制其他电器动作或特定控制功能的目的。

5. 按钮按不受外力作用时触头的分合状态，分为_____、_____和复合按钮。

6. 行程开关动作后，按复位方式划分有_____复位和_____复位两种。

7. 交流接触器主要由_____、_____、灭弧系统及_____等组成。

8. 电路图一般分电源电路、_____和_____三部分绘制。

9. _____是指按下按钮，电动机就停电运转；松开按钮，电动机就失电停转。

10. 开关应有明显的开合位置，一般向上为_____，向下为_____。

11. 熔断器是一种保护电器，当电路发生_____或_____时，能自动切断电路。

12. 按钮能对电动机实行_____和_____控制，它的文字符号是_____。

13. 行程开关又称限位开关，它的作用与按钮相同，也是用来接通和断开_____电路的。

14. 接触器是一种用来自动地接通和断开_____电路的电器。

15. 行程开关利用生产机械部件的挡铁_____而使触点动作。

16. 热继电器是一种利用电流的热效应来切断电路的_____。

二、判断题（正确的画"√"，错误的画"×"）

1. 低压电器按用途和控制的对象分，可分为自动电器和手动电器。 （   ）

2. HK 系列开启式负荷开关用于一般的照明电路和功率小于 5.5 kW 的电动机控制线路中。 （   ）

3. 瓷插式熔断器，一般用于交流 50 Hz，额定电压 380 V，额定电流 5～200 A 以下的低压电路末端或分支电路中，做电路和电气设备的短路保护，在照明电路中还可起到过载保护作用。 （   ）

4. 螺旋式熔断器特点是其熔管内充满了石英砂填料，以此增强熔断器的灭弧能力。 （   ）

5. 封闭式负荷开关的额定电压应不大于工作电路的额定电压；额定电流应等于或稍小于电路的工作电流。 （   ）

6. 行程开关是一种利用生产机械某些运动部件的碰撞来发

出控制指令的主令电器。　　　　　　　　　　　　（　　）

7. 交流接触器主要由电磁系统、触头系统、灭弧系统及辅助部件等组成。　　　　　　　　　　　　　　　（　　）

8. 熔断器内要安装合格的熔体，不能用多根小规格的熔体并联代替一根大规格的熔体。　　　　　　　　　（　　）

9. 交流接触器的主触头的作用是接通和分断电流较大的主电路。　　　　　　　　　　　　　　　　　　　（　　）

10. 交流接触器的电磁系统由线圈、铁芯和衔铁组成。

　　　　　　　　　　　　　　　　　　　　　　（　　）

11. 辅助触头的作用是接通和分断电流较小的控制电路，一般由两对常开的触头和两对常闭的触头组成。　　　（　　）

12. 根据电动机定子绕组的连接方式选择热继电器结构型式，即定子绕组作 Y 联结的电动机选用普通三相结构热继电器。

　　　　　　　　　　　　　　　　　　　　　　（　　）

13. 所谓点动控制是指按下按钮，电动机就得电运转；松开按钮，电动机就失电停转。　　　　　　　　　（　　）

14. 熔断器在正常短时过电流情况下，也应熔断。　（　　）

15. 低压断路器具有自动保护作用，当电路故障消失后，能自动恢复接通状态。　　　　　　　　　　　　　（　　）

16. 按钮是一种自动且一般可以自动复位的主令电器。

　　　　　　　　　　　　　　　　　　　　　　（　　）

17. 利用热继电器对电动机的短路进行保护。　　　（　　）

18. 只要在线路中安装了熔断器，不论其规格如何都能起到保护作用。　　　　　　　　　　　　　　　　　（　　）

19. 选择额定电流小的熔断器，总是有利无弊的。　（　　）

20. 热继电器的保护动作在过载后需要经过一段时间后才能执行。　　　　　　　　　　　　　　　　　　　　（　　）

21. 正反转控制电路的一个重要特点是必须设立联锁。

　　　　　　　　　　　　　　　　　　　　　　（　　）

三、选择题（将正确答案的代号写在括号内）

1. CJ10－10 系列交流接触器通电闭合时，（　　）触头先断开，常开触头后闭合。

　A. 主触头　　　　B. 常开　　　　　C. 常闭

2. HZ 系列组合开关主要用在交流 50 Hz、380 V 以下，直流 220 V 及以下电路中，作电源开关，也可以作为（　　）kW 以下小容量电动机的直接启动控制。

　A. 10　　　　　B. 5　　　　　C. 15

3. （　　）是熔体的保护外壳，用耐热绝缘材料制成，在熔体熔断时兼有灭弧作用。

　A. 熔体　　　　B. 熔管　　　　　C. 熔座

4. （　　）是熔断器的底座，用于固定熔管和外接引线。

　A. 熔体　　　　B. 熔管　　　　　C. 熔座

5. （　　）是指未按下时，触头是断开的；当按下时，触头接通。

　A. 常开按钮　　B. 常闭按钮　　　C. 复合按钮

6. （　　）未按下时，触头是闭合的；当按下时，触头被断开。

　A. 常开按钮　　B. 常闭按钮　　　C. 复合按钮

7. 交流接触器的主触头的作用是接通和分断（　　）电流的主电路。

　A. 较大　　　　B. 较小　　　　　C. 任意大小

8. 交流接触器的辅助触头的作用是接通和分断（　　）电流的控制电路。

　A. 较大　　　　B. 较小　　　　　C. 任意大小

9. 一般情况下，热继电器的热元件的整定电流应为电动机额定电流的（　　）倍。

　A. 0.25～0.55　　B. 0.55～0.85　　C. 0.95～1.05

10. 辅助电路一般包括控制主电路工作状态的控制电路，辅助电路通过的电流都很小，一般不超过（　　）A。

    A．5   B．10   C．15

  11．接触器主要是由（　　）和触头两部分组成的。

    A．铁芯   B．衔铁

    C．线圈   D．电磁铁

  12．在机床电气控制电路中，实现电动机短路保护的电器是（　　）。

    A．熔断器   B．热继电器

    C．接触器   D．中间继电器

  13．在机床电气控制电路中，实现电动机过载保护的电器是（　　）。

    A．熔断器   B．热继电器

    C．中间继电器   D．时间继电器

  14．能控制电动机正反转的低压电器是（　　）。

    A．闸刀开关   B．低压断路器

    C．按钮   D．倒顺开关

  15．接触器自锁的控制电路能使电动机实现（　　）。

    A．点动控制   B．长动控制

    C．混合控制   D．降压启动

  16．在接触器联锁正反转控制电路中，实现联锁功能的是接触器的（　　）。

    A．主触头   B．辅助动合触头

    C．辅助动断触头   D．延时触头

  四、问答题

  1．什么是点动？什么是自锁？

  2．什么是电弧？它有哪些危害？

  3．题图5—1所示为接触器、按钮双重联锁的正反转控制电路，说明其工作原理。

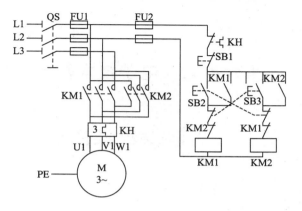

题图 5—1

第六单元　电子技术基础

模块一　晶体二极管及整流电路

一、PN 结及其特性

1. 半导体的基本知识

半导体是导电能力介于导体和绝缘体之间、电阻率为 10^{-4} ~ 10^{10} $\Omega \cdot cm$ 范围内的物质。常用的半导体材料是硅（Si）和锗（Ge）。

用半导体材料制作电子元件，不是因为它的导电能力介于导体和绝缘体之间，而是由于其导电能力会随着温度的变化、光照或掺入杂质的多少发生显著的变化，这是半导体不同于导体的特殊性质。

（1）N 型半导体。在纯净的半导体中掺入正五价元素（如磷、砷）可以形成 N 型半导体，也称为电子型半导体。在 N 型半导体中，由于自由电子是多数，故 N 型半导体中的自由电子为多数载流子，而空穴为少数载流子。

（2）P 型半导体。P 型半导体，也称为空穴型半导体，是在纯净的半导体中掺入正三价杂质元素（如硼、镓）制成。在 P 型半导体中，由于空穴是多数，故 P 型半导体中的空穴为多数载流子，而自由电子为少数载流子。

2. PN 结及其单向导电性

（1）PN 结。如果将一块半导体的一侧掺入杂质成为 P 型半导体，而另一侧掺入杂质成为 N 型半导体，则在两者的交

界处将形成一个特殊的带电薄层，称为 PN 结。如图 6—1
所示。

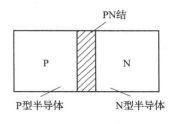

图 6—1　PN 结的形成

（2）PN 结的单向导电性。在 PN 结的两端引出电极，P 区
的一端称为阳极，N 区的一端称为阴极。在 PN 结的两端外加不
同极性的电压时，PN 结表现出截然不同的导电性能，称为 PN
结的单向导电性。

1）在外加正向电压时 PN 结处于导通状态。当外加电压使
PN 结的阳极电位高于阴极时，称 PN 结外加正向电压或 PN 结正
向偏置（简称正偏），此时 PN 结导通，相当于开关的闭合状态。

2）在外加反向电压时 PN 结处于截止状态。当外加电压使
PN 结的阳极电位低于阴极时，称 PN 结外加反向电压或 PN 结反
向偏置（简称反偏），此时 PN 结截止，相当于开关的断开状态。

PN 结的单向导电性，它是一些二极管应用电路的基础，二极
管的单向导电性可通过图 6—2 和图 6—3 的实验电路演示出来。

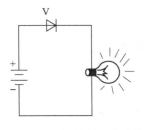
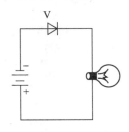

图 6—2　二极管的正向连接　　　图 6—3　二极管的反向连接

需要指出的是，当反向电压超过一定数值后，反向电流将急剧增加，这种现象称为 PN 结的反向击穿，此时 PN 结的单向导电性被破坏。

二、晶体二极管的结构、符号和类型

在一个 PN 结的两端加上电极引线并用外壳封装起来，就构成了半导体二极管。由 P 型半导体引出的电极，叫作正极（或阳极），由 N 型半导体引出的电极，叫作负极（或阴极）。结构和符号如图 6—4a 所示。

按照结构工艺的不同、二极管有点接触型和面接触型两类。它们的管芯结构和符号如图 6—4b、图 6—4c 所示。

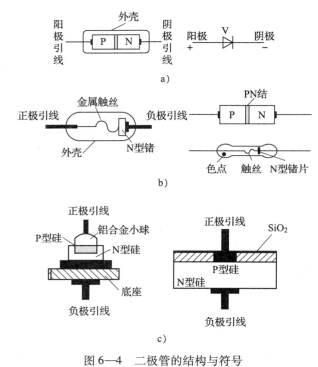

图 6—4 二极管的结构与符号

a）二极管的结构与符号　b）点接触型　c）面接触型

点接触型二极管（一般为锗管）的 PN 结结面积很小（结电容小），工作频率高，适用于高频电路和开关电路；面接触型二极管（一般为硅管）的 PN 结结面积大（结电容大），工作频率较低，适用于大功率整流等低频电路中。常见的二极管的外形如图 6—5 所示。

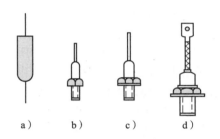

图 6—5　常见二极管的外形

a）2AP、2CP　b）2CZ54　c）2CZ13　d）2CZ30

三、晶体二极管的伏安特性及主要参数

1. 二极管的伏安特性

二极管最主要的特性是单向导电性，其伏安特性曲线如图 6—6 所示。

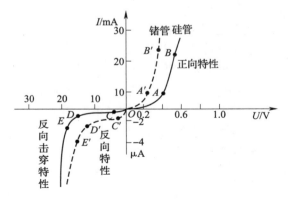

图 6—6　二极管的伏安特性曲线

（1）正向特性。图中 OA（OA′）段表示正向电压值很小时，流经二极管的正向电流也较小；当二极管两端电压上升超过一定数值后内电场被削弱，二极管电阻变小，电流增长很快，见图6—6 的曲线 AB（AB′）段，此时二极管导通，导通时，硅管正向电压降为 0.7 V 左右，锗管为 0.3 V 左右；但随着电压的继续上升，正向电流将随正向电压的增大而急剧上升，如曲线 B（B′）点以上部分。

（2）反向特性。见坐标轴下半部分，图中 OC（OC′）段表示当反向电压刚开始增大时（0～1 V），反向电流略有增加；但当反向电压继续增大时，反向电流几乎保持原来的数值不变，如曲线 CD（C′D′）段，这时的电流称为反向饱和电流，它和管子特性及温度有关。

（3）反向击穿特性。当反向电压增加到一定数值时，反向电流突然增大，如曲线 E（E′）以下部分所示，这时只要反向电压稍有增加，反向电流就会急剧增大，使管子损坏，这种现象称为击穿。发生击穿时，加在二极管两端的反向电压称为反向击穿电压。

2．二极管的主要参数

（1）最大整流电流 I_{FM}。在半波整流连续工作的情况下，允许通过的最大平均电流，常称为额定工作电流。

（2）最高反向工作电压 U_{RM}。二极管在使用时允许加在两端的反向电压的最大值，常称为额定工作电压。

（3）最大反向电流 I_{RM}。在规定的反向电压和环境温度下的反向电流，其值越小，二极管的单向导电性能越好。

四、晶体二极管的简易测试方法

二极管的极性通常在管壳上注有标记，如无标记，可用万用表电阻挡测量其正反向电阻来判断（一般用 R×100 或 ×1 k 挡）具体方法见表6—1。

表6—1 **二极管简易测试方法**

项目	正向电阻	反向电阻
测试方法	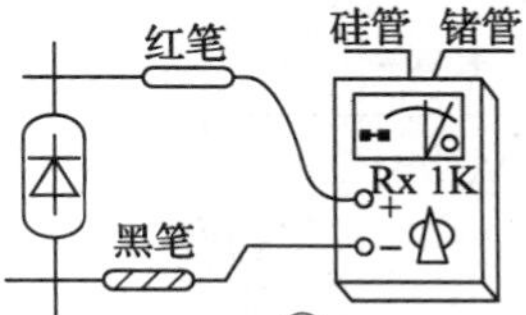 红笔 硅管 锗管 黑笔 Rx 1K ①	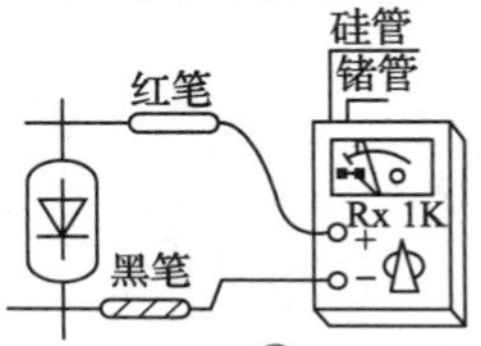 红笔 硅管 锗管 黑笔 Rx 1K ②
测试情况	硅管：表针指示位置在中间或中间偏右一点 锗管：表针指示在右端靠近满刻度的地方表明管子正向特性是好的 　如果表针在左端不动，则管子内部已经断路	硅管：表针在左端基本不动，极靠近∞位置 锗管：表针从左端开始动一点，但不应超过满刻度的1/4，则表明反向特性是好的 　如果表针指在0位，则管子内部已短路

选用普通二极管时，应注意以下几点：

（1）二极管在使用时不能超过它的极限参数，特别不要超过最大整流电流和最高反向工作电压，并留有适当的余量。

（2）尽量选用反向电流、正向压降小的管子。

（3）二极管的型号应根据具体情况来确定。

五、单相整流电路

将交流电变换为直流电的过程称为整流，能实现这一过程的电路称为整流电路。

整流电路大多是利用晶体二极管的单向导电性来将交流电变化成单向脉动的直流电。整流电路有单相和三相两种，下面讨论最简单的单相半波整流电路及单相全波整流电路。

1．单相半波整流电路

（1）电路组成。单相半波整流电路如图6—7所示，图中 Tr

为电源变压器，用来为整流电路提供交流低电压，同时保证直流电源与 220 V 交流电源有良好的隔离。V 为整流二极管，令它为理想二极管，R_L 为要求直流供电的负载等效电阻。

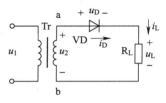

图 6—7　单相半波整流电路

（2）整流后的波形图。变压器二次绕组的交流电压 $u_2 = \sqrt{2}\, U_2 \sin\omega t$，$u_2$ 的波形如图 6—8a 所示。负载 R_L 上电压和电流波形如图 6—8b 和图 6—8c 所示。u_L 为 u_2 的半个周期，故称半波整流电路。U_L、I_L 为单向脉动直流电压、电流。

图 6—8d 为整流二极管电压 u_D 的波形图。

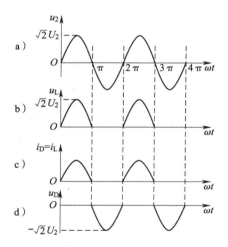

图 6—8　输出波形
a）正弦交流电 u_2 的波形　b）负载上的电压波形
c）负载上的电流波形　d）整流二极管 u_D 的波形

由图可见，负载上得到单方向的脉动电压，由于电路只在u_2的正半周有输出，所以称为半波整流电路。半波整流电路结构简单，使用元件少，但整流效率低，输出电压脉动大，因此，它只适用于要求不高的场合。

（3）负载上的直流电压和电流。负载中的电流方向不变，但大小波动，这种电流叫脉动直流电；负载两端的直流电压是指在输入电压u_2的一个周期内，负载获得的脉动直流电压的平均值，用U_L表示。经计算可得两者之间的关系为：

$$U_L = 0.45U_2$$

公式$U_L = 0.45U_2$表示半波整流电路输出的直流电压是变压器的二次电压有效值U_2的0.45倍。

流过负载R_L的直流电流为：

$$I_L = \frac{U_L}{R_L} = 0.45\frac{U_2}{R_L}$$

（4）整流二极管的选择。整流二极管与负载是串联的，流经二极管的电流平均值为I_F，即：

$$I_F = I_L = 0.45\frac{U_2}{R_L}$$

在这种情况下，二极管承受的最大反向电压发生在U_2达到负的最大值时，即：

$$U_{Rm} = \sqrt{2}U_2$$

在选择整流二极管时，应满足其极限参数大于电路中承受的最大值，以避免二极管的烧毁和击穿。

2. 单相全波整流电路

为了克服半波整流的缺点，常采用桥式整流电路。

（1）电路组成。如图6—9所示，图中 V1～V4 四只整流二极管接成电桥形式，故称为桥式整流。图6—10所示为简化电路图。

（2）输出波形。设变压器二次电压 $u_2 = \sqrt{2}U_2\sin\omega t$，电压、电流波形图如图6—11a所示。

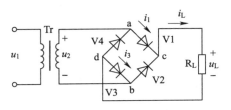

图6—9 桥式整流电路图

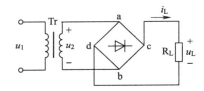

图6—10 桥式整流电路简化电路图

由此可见，在交流电压 u_2 的整个周期始终有同方向的电流流过负载电阻 R_L，故 R_L 上得到单方向全波脉动的直流电压。桥式整流电路输出电压为半波整流电路输出电压的两倍，桥式整流电路中，由于每两只二极管只导通半个周期，故流过每只二极管的平均电流仅为负载电流的一半，二极管的电压、电流波形如图6—11d 所示。

桥式整流电路与半波整流电路相比较，其输出电压 U_L 提高，脉动成分减小。

（3）负载的直流电压和电流的计算。从图 6—11b、图 6—11c 可以看出，单相桥式整流电路负载上得到的直流电压和电流的平均值比单相半波整流提高了一倍，即：

$$U_L = 0.9U_2$$

整流变压器二次电压为：

$$U_2 \approx \frac{U_L}{0.9} \approx 1.11U_L$$

负载的平均电流为：

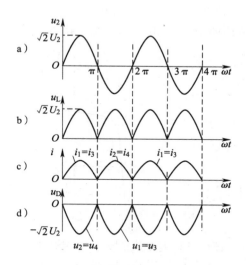

图6—11 桥式整流电路电压、电流波形

a）正弦交流电 u_2 的电压波形　b）负载的电压波形

c）二极管的电流波形　d）二极管的电压波形

$$I_{\text{L}} = \frac{U_{\text{L}}}{R_{\text{L}}} = 0.9 \frac{U_2}{R_{\text{L}}}$$

模块二　硅稳压管及稳压电路

　　交流电经过整流滤波后变成较平滑的直流电，但是负载电压是不稳定的。电网电压的变化或负载电流的变化都会引起输出电压的波动，要获得稳定的直流输出电压，必须在滤波之后再加一级稳压电路。

一、硅稳压管

1. 硅稳压管

硅稳压二极管简称硅稳压管，是一种用特殊工艺制造的面结

型二极管，它的外形与普通二极管相同，其图形符号如图6—12a
所示，伏安特性如图 6—12b 所示，文字符号是 V。

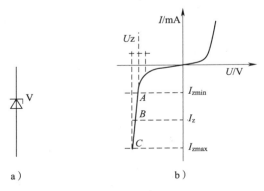

图6—12　硅稳压二极管伏安特性曲线

a）图形符号　b）伏安特性

由曲线可以看出：硅稳压管的正向特性与普通二极管相似，
但反向特性曲线不如普通二极管陡峭。在反向电压较小时，管子
截止（有极弱的反向电流）。当反向电压达到某一数值 U_z 时，管
子被反向击穿，此时电压稍有增加。即在反向击穿区，稳压管的
电流在很大范围内变化，U_z 却基本不变（见曲线 AC 段）。稳压管
正是利用这一特性进行稳压的。只要控制反向电流不要太大，稳
压管就可长期工作在反向击穿区，其 U_z 称为稳压管的稳定电压。

2．主要参数

（1）稳定电压 U_z。U_z 就是 PN 结的击穿电压，它随工作电
流和温度的不同而略有变化。

（2）稳定电流 I_z。稳压管工作时的参考电流值，它通常有
一定的范围，即 $I_{Zmin} \sim I_{Zmax}$。

（3）动态电阻 r_z。稳压管两端电压变化与电流变化的比值，
这个数值随工作电流的不同而改变。通常工作电流越大，动态电
阻越小，稳压性能越好。

$$r_Z = \frac{\Delta U_Z}{\Delta I_Z}$$

（4）电压温度系数。它是用来说明稳定电压值受温度变化影响的系数。

（5）额定功耗 P_Z。前已指出，工作电流越大，动态电阻越小，稳压性能越好，但是最大工作电流受到额定功耗 P_Z 的限制，超过 P_Z 将会使稳压管损坏。

选择稳压管时应注意：流过稳压管的电流 I_Z 不能过大，也不能太小，应使 $I_Z \geq I_{Zmin}$，否则不能稳定输出电压，这样使输入电压和负载电流的变化范围都受到一定限制。

二、硅稳压管稳压电路

所谓稳压电路，就是当电网电压波动或负载发生变化时，能使输出电压稳定的电路。图 6—13 是利用硅稳压管组成的简单稳压电路。电阻 R 用于限制电流，还利用它两端电压升降使输出电压趋于稳定。稳压管 V 并联在直流电源两端，使它工作在反向击穿区。经电容滤波后的直流电压通过电阻器 R 和稳压管 V 组成的稳压电路接到负载上。这样，负载上得到的就是一个比较稳定的电压 U_L。

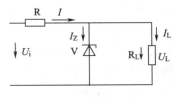

图6—13　稳压管稳压电路

稳压电路的工作原理：

（1）负载电阻 R_L 不变而电网电压变化使 U_i 变化。若电网电压波动升高，则使整流滤波输出电压 U_i 上升，引起负载两端电压 U_L 增加。根据稳压管反向击穿特性，只要 U_i 有少许增大，则 I_Z 显著增加，R 上电压降 IR 增大，从而抵消 U_i 的增加，使 U_L 保持不变，其工作过程可描述为：

$U_i\uparrow \to U_L\uparrow \to I_Z\uparrow \to I\uparrow \to IR\uparrow \to U_L\downarrow$（用"↑"表示增加，用"↓"表示减少）

同理，如果电网电压波动使输出电压 U_i 减少，其工作过程与上述情况相反，U_L 仍保持不变。

（2）假定电网电压不变而负载 R_L 变化。R_L 减小，引起 U_L 的下降，U_L 的下降又引起 I_Z 的减小，从而减小了 R 上的电压降，使 U_L 上升而基本维持不变。上述过程可描述为：

$$R_L\downarrow \to U_L\downarrow \to I_Z\downarrow \to I\downarrow \to IR\downarrow \to U_L\uparrow$$

同理，当负载增大，稳压过程相反，同样使 U_L 基本维持不变。

模块三　晶体三极管

一、晶体三极管的结构

1. 结构与符号

晶体三极管是通过一定的制作工艺，将两个 PN 结结合在一起的一种半导体器件。两个 PN 结相互作用，使三极管成为一个具有控制电流作用的半导体器件。三极管可以用来放大微弱的信号和用做无触点开关。

三极管的结构和符号如图 6—14 所示。

结构组成：由两个 PN 结、三个杂质半导体区域和三个电极组成，杂质半导体有 P 型、N 型两种。

三个区：基区——很薄。一般仅有 1 微米至几十微米厚。

发射区——发射区掺入杂质的浓度很高。

集电区——集电区掺杂浓度小，集电结截面积大于发射结截面积。

通常三极管的基区做得很薄，且掺杂浓度低；发射区的杂质浓度则很高；集电区的面积则比发射区做得大。

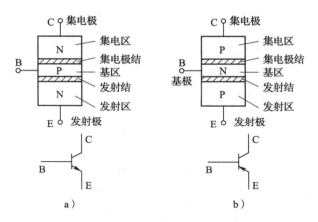

图6—14 三极管的结构与符号

a）NPN 型　b）PNP 型

两个 PN 结：发射结——为发射区与基区之间的 PN 结。

集电结——为集电区与基区之间的 PN 结。

三个电极：发射极 E、基极 B 和集电极 C；分别从这三个区引出的电极。

三个区组成形式：有 NPN 型和 PNP 型两种。

2．三极管的分类

按材料分：分为硅管和锗管两类。

按工作频率高低分：分为低频管（3 MHz 以下）和高频管（3 MHz 以上）两类。

按功率分：分为大、中、小功率管等。

根据特殊性能要求分：分为开关管、低噪声管、高反压管等。

二、晶体三极管电流放大作用

当三极管在电路中工作时，三个电极上流过的电流大小和分配关系可通过图6—15 所示的实验电路来讨论。

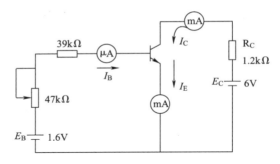

图6—15　测试三极管特性的实验电路

电路通电后有三个电流流过晶体管，即发射极电流 I_E、基极电流 I_B、集电极电流 I_C，电流方向如图6—15中箭头所示，电路中串接三只电流表用来测量这三个电流值。通过实验可得出以下结论：

（1）三极管中各电流的关系。发射极电流 I_E 等于集电极电流 I_C 与基极电流 I_B 之和，即：

$$I_E = I_C + I_B$$

由于 I_C 的数值远大于 I_B，如忽略 I_B 的值，可把式 $I_E = I_C + I_B$ 简化为：

$$I_E \approx I_C$$

（2）电流放大倍数。

1）交流电流放大倍数。当基极电流 I_B 有微小变化时，I_C 就相应地有较大的变化，这就是晶体三极管的电流放大作用。通常把 $\dfrac{\Delta I_C}{\Delta I_B}$ 称为三极管的交流电流放大倍数。用 β 表示。即：

$$\beta = \frac{\Delta I_C}{\Delta I_B}$$

要使晶体三极管起电流放大作用，除了三极管的结构特点外，还需要一个外部条件，就是在三极管工作时，需要外接电源使发射结处于正偏，集电结处于反偏。

2）直流电流放大倍数。当无交流信号输入，集电极直流电流 I_C 与基极电流 I_B 的比值称为三极管直流电流放大倍数，用 $\bar{\beta}$ 表示，即：

$$\bar{\beta} = \frac{I_C}{I_B}$$

PNP 型和 NPN 型三极管与外接电源的连接如图 6—16 所示。

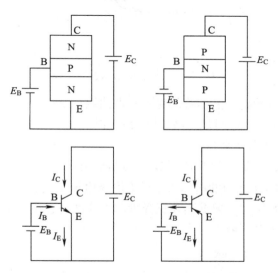

图 6—16　PNP 型和 NPN 型三极管与外接电源的连接

三、晶体三极管的特性曲线

晶体管的特性曲线就是晶体管各电极之间的电压和电流之间的相互关系的曲线。其中最常见的是输入特性曲线和输出特性曲线。

1. 输入特性曲线

输入特性是指三极管输入回路中，加在基极和发射极的电压 U_{BE} 与由它所产生的基极电流 I_B 之间的关系。三极管的输入特性曲线如图 6—17 所示。

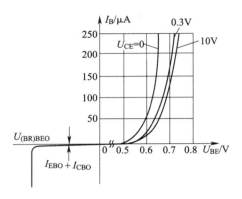

图 6—17　三极管的输入特性曲线

由图可看出，晶体管的输入特性曲线与二极管的正向特性相似，因为 B、E 极间是正向偏置的 PN 结（放大模式下）。

2. 输出特性曲线

输出特性是指当晶体三极管的基极电流 I_B 为一定值时，发射极与集电极之间的电压 U_{CE} 与集电极电流 I_C 之间的关系曲线。如图 6—18 所示，根据晶体三极管的工作状态，可以把输出特性曲线分为三个区域。

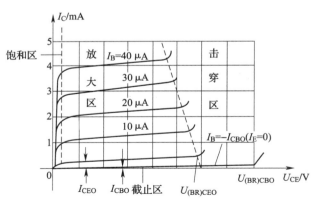

图 6—18　三极管的输出特性曲线

（1）放大区

特点：晶体管工作在放大模式下，$\Delta I_C \gg \Delta I_B$，在放大区具有很强的电流放大作用。

结论：发射结正偏，集电结反偏。即 $I_C = \beta I_B$，且 $\Delta I_C = \beta \Delta I_B$

（2）截止区

NPN：$U_B < U_E$、$U_B < U_C$；PNP：$U_B > U_E$、$U_B > U_C$。

$$I_B \leqslant 0, \quad I_E = I_C = 0。$$

特点：三极管截止时，$I_B \approx 0$，$I_C \approx 0$，如同断开的开关。

结论：发射结反向偏置，集电结反向偏置，晶体管工作在截止模式下。

$U_{BE} < $ 死区电压，$I_B = 0$，$I_C = I_{CEO} \approx 0$

（3）饱和区

$\beta I_B > I_{CS} = (V_{CC} - U_{CES}) / R_C$，　　$U_{CE} \approx U_{CES} = 0.3\ \text{V}。$

特点：曲线簇靠近纵轴附近，各条曲线的上升部分十分密集，几乎重叠在一起，可以看出：当 I_B 改变时，I_C 基本上不会随之改变。

特点：由输入和输出特性可知，对硅管来说，饱和导通后，$U_{BE} = U_{BES} = 0.7\ \text{V}$，$U_{CE} = U_{CES} \leqslant 0.3\ \text{V}$，如同闭合的开关。

结论：发射结正向偏置，集电结正向偏置。晶体管工作在饱和模式下。$U_{CE} < U_{BE}$，$\beta I_B > I_C$，$U_{CE} \approx 0.3\ \text{V}$

（4）击穿区。随着 U_{CE} 增大，加在 J_E 上的反向偏置电压 U_{CB} 相应增大。

当 U_{CE} 增大到一定值时，集电结就会发生反向击穿，造成集电极电流 I_C 剧增，这一特性表现在输出特性图上则为击穿区域。

三极管的反向击穿主要表现为集电结的雪崩击穿。

四、主要参数

1. 电流放大倍数

共发射极直流电流放大系数 $\bar{\beta}$ 和共发射极交流电流放大系

数 β，对于性能良好的晶体管，$\bar{\beta}$ 和 β 近似相等，由于 $\bar{\beta}$ 易于测量，因此常用 $\bar{\beta}$ 代替 β，且都用 β 表示。

2．穿透电流 I_{CEO}

指基极开路（$I_B = 0$）时，集电极与发射极之间的反向电流。

3．反向击穿电压 $U_{CE(BR)}$

指基极开路时，加在集电极与发射极之间的最大允许电压。

4．集电极最大允许电流 I_{CM}

指晶体管正常工作时，集电极所允许的最大电流。

5．集电极最大允许耗散功率 P_{CM}

晶体管正常工作时，集电极所允许的最大耗散功率。

五、晶体管的识别和简单测试

1．直观法

根据管脚排列识别，见表6—2。

表6—2　　　　　　　　根据管脚识别晶体管

类型	管脚排列方法
大功率晶体管（金属封装）	
小功率晶体管（金属封装）	

类型	管脚排列方法		
小功率晶体管 （塑料封装）	EBC	EBC	EBC

2．万用表测量法

（1）基极的判断。以黑笔为准，红笔分别接另外两个脚，如果测量的阻值均较小，则黑笔所接为基极，该管为 NPN 型；如果阻值均较大，则为 PNP 型。

（2）发射极和集电极的判断。对于 NPN 型的管子，先假设一极为 C 极，将黑笔接 C 极，红笔接 E 极，用手捏住基极和集电极，观察指针的偏转情况，然后两表笔交换，重复测量一次，则偏转大的一次黑笔所接为集电极，另一极为发射极。对于 PNP 型的管子，将红笔接假设的 C 极，其他与 NPN 型的管子测试相似。如图 6—19 所示。

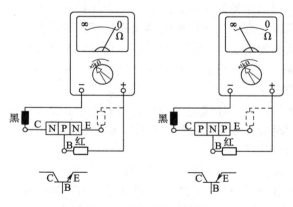

图 6—19　万用表测量法

[**例6—1**] 一个晶体管处于放大状态，已知其三个电极的电位分别为5 V、9 V 和5.2 V。试判别三个电极，并确定该管的类型和所用的半导体材料。

解：分别设 $U_1 = 5$ V，$U_2 = 9$ V，$U_3 = 5.2$ V

$U_1 - U_3 = 5 - 5.2 = -0.2$ V，因此是锗管，2 脚为集电极 C。

由于 3 脚的电位在三个电位中居中，故设为基极 B，则 1 为发射极 E，有：$U_{BE} = U_3 - U_1 = 5.2 - 5 = 0.2$ V > 0

$U_{BC} = U_3 - U_2 = 5.2 - 9 = -3.8$ V < 0，

因此，为 NPN 型锗管，5 V、9 V、5.2 V 所对应的电极分别是发射极、集电极和基极。

模块四　晶闸管基本知识

一、晶闸管基本知识

1. 晶闸管的结构

晶闸管是晶体闸流管的简称，又称为可控硅。晶闸管的特点是可以用弱信号控制强信号。从控制的观点看，它的功率放大倍数很大，可以达到数十万倍以上。由于元件的功率增益可以做得很大，所以在许多晶体管放大器功率达不到的场合，它可以发挥作用。从电能的变化与调节方面看，它可以实现交流—直流、直流—交流、交流—交流、直流—直流以及变频等各种电能的变换和大小的控制。

晶闸管是半导体型功率器件，对超过极限参数运用很敏感，实际运用时应该注意留有较大电压、电流余量，并应尽量解决好器件的散热问题。

普通晶闸管是由四层半导体材料组成的，有三个 PN 结，对外有三个电极（见图6—20b）：第一层 P 型半导体引出的电极叫阳极 A，第三层 P 型半导体引出的电极叫控制极 G，第四层 N 型半导体引出的电极叫阴极 K。从晶闸管的电路符号（见图 6—20a）可以看到，它和二极管一样是一种单方向导电的器件，关键是多了一个控制极 G，这就使它具有与二极管完全不同的工作特性。

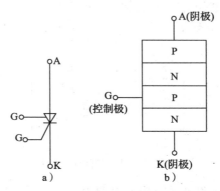

图6—20　晶闸管的内部结构和符号

a）图形符号　b）内部结构示意图

晶闸管的外形有螺栓式、平板式和普通三极管模样的三足式。平板式的上、下两面金属体是阳极和阴极。三足式的三个电极可以用万用表测得或根据型号查手册。大功率晶闸管一般都加散热片。晶闸管的外形图如图 6—21 所示。

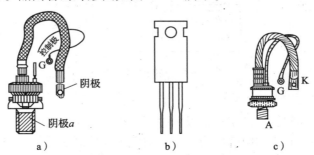

图6—21　晶闸管的外形

a）螺栓式　b）平板式　c）三足式

2. 晶闸管的工作原理

晶闸管的特点是"一触即发"。但是，如果阳极或控制极外加的是反向电压，晶闸管就不能导通。控制极的作用是通过外加正向触发脉冲使晶闸管导通，却不能使它关断。晶闸管可以看作是两个三极管 PNP（V1）管和 NPN（V2）管组合而成，电路模型如图 6—22 所示。

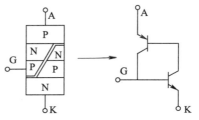

图 6—22　晶闸管电路模型

设在阳极和阴极之间接上电源 U_A，在控制极和阴极之间接入电源 U_G，如图 6—23 所示。

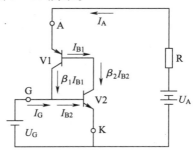

图 6—23　晶闸管工作原理

特点：

①晶闸管与硅整流二极管相似，都具有反向阻断能力，但晶闸管还具有正向阻断能力，即晶闸管正向导通必须具有一定的条件：阳极加正向电压，同时控制极也加正向触发电压。晶闸管是一种导通时间可以控制的，具有单向导电性能的可控整流器件。

②晶闸管一旦导通，控制极即失去控制作用。要使晶闸管重新关断，必须做到以下两点之一：一是将阳极电流减小到小于维持电流 I_H；二是将阳极电压减小到零或使之反向。

晶闸管的导通条件为：

（1）在阳极和阴极间加正向电压。

（2）在控制极和阴极间加正向触发电压。

（3）阳极电流不小于维持电流。

3．晶闸管的主要参数

（1）通态平均电流。在规定的环境温度和散热条件下，允许通过的阳极和阴极的电流的平均值。

（2）维持电流。在规定的环境温度和控制极断路时，维持元件继续导通的最小电流称为维持电流。当晶闸管的正向电流小于这个电流时，晶闸管将自动关断。

（3）控制极触发电压和电流。在规定的环境温度和一定的正向电压条件下，使晶闸管从关断到导通，控制极所需的最小电流和电压。

（4）正向重复峰值电压。在控制极断路和晶闸管正向阻断的条件下，可以重复加在晶闸管两端的正向峰值电压，称为正向重复峰值电压。

（5）反向阻断峰值电压。就是在控制极断路和反向阻断条件下，允许加在阳极的反向电压的最大值。

4．晶闸管的型号

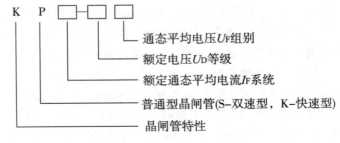

二、晶闸管可控整流电路

1. 单相半波晶闸管整流电路

（1）电路组成。图6—24a 所示为电阻性负载的单相半波晶闸管整流电路。它由电源变压器 T、晶闸管 V 和负载 R_L 组成，图中晶闸管的触发电路未画出。图6—24b 是其工作波形。

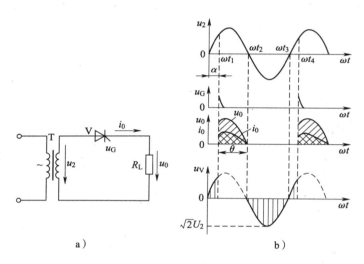

图6—24　单相半波晶闸管整流电路
a）电路　b）工作波形

（2）工作原理。在图6—24b 中，当电源电压 u_2 为正半周，即上正下负时，晶闸管承受正向阳压，这时只要在晶闸管的控制极加上触发信号 U_G，晶闸管即可导通。如在 ωt_1 处给晶闸管加触发电压，晶闸管便立即导通，导通后管压降很小，若忽略不计，则 u_2 电压要通过晶闸管全部加于负载 R_L 上输出，并有电流 i_0 流过负载。

2. 单相桥式晶闸管整流电路

图6—25a 是电阻性负载的单相桥式晶闸管整流电路。当电源电压 u_2 为正半周，即上正下负时，V1、V4 承受正向电压，V1 被触发即可导通。如在 ωt_1 处给 V1 加一个触发脉冲，则 V1、V4

导通，整流电流的方向为 a→V1→R_L→V4→b，至 ωt_2 处因电源电压为零，晶闸管自行关断。在 V1、V4 导通时，因 V2、V3 受反向电压而截止。

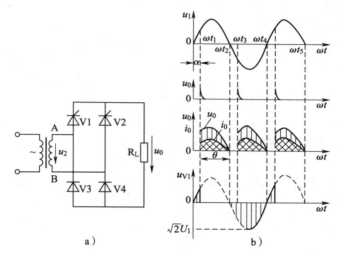

图 6—25 单相半控桥式整流电路及波形
a）单相桥式可控整流电路 b）工作波形

在电源电压 u_2 为负半周，即上负下正时，V2、V3 受正向电压，V2 被触发即可导通。如在 ωt_3 处给 V2 加一个触发脉冲，则 V2、V3 立即导通，整流电流的方向为 b→V2→R_L→V3→a，至 ωt_4 处因电源电压为零，晶闸管自行关断。在 V2、V3 导通时，V1、V4 因受反向电压而截止。其工作波形如图 6—25b 所示。

模块五 简单逻辑电路

门电路是组成数字电路的基本单元电路，组合逻辑电路是数字电路的两大电路类型之一。

门电路就是像"门"一样，按照一定条件"开"或"关"的电路，当条件满足时，门电路的输入信号就可以通过"门"，而输出，否则，信号就不能通过"门"，因此门电路的输入信号和输出信号之间存在着一定的因果关系，即逻辑关系，所以门电路又称逻辑门电路。

在逻辑关系的描述中，通常只用到两种相反的状态，如开关的"通"与"断"、电灯的"亮"与"灭"、数字信号的"高电平"与"低电平"等。这些事物相互对立的状态，我们常用"1"和"0"两个不同的符号来表示。在前面几种状态中，前者用"1"表示，后者用"0"表示，在此称为正逻辑体制。本教材除非特殊说明，均采用正逻辑体制。

一、"与"门电路

如图6—26所示电路，只有当开关A、B同时接通时，灯Y才亮；否则Y不会亮。这说明要使灯Y亮（结果），开关A、B必须同时接通（条件全部具备），这种逻辑关系称为"与"。

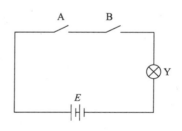

图6—26　"与"逻辑关系图

A、B表示条件（开关状态），Y表示结果（灯的状态）。若用符号"1"表示开关通和灯亮，"0"表示开关关和灯灭，可得表6—3。这种用"1""0"表示条件的所有组合和对应结果的表格称为"真值表"。

表6—3 与逻辑真值表

条件		结果
A 端输入电平	B 端输入电平	Y 端输出电平
0	0	0
1	0	0
0	1	0
1	1	1

表6—3 中，A、B 表示逻辑条件，又称"逻辑变量"，Y 表示逻辑结果。如果把结果与变量之间的关系用函数式表示，就得到与门的逻辑函数表达式为：

$$Y = A \cdot B$$

式中"·"读作"与"，上式读作 A 与 B，可写作 Y = AB。

逻辑与又称逻辑乘，这是因为它和数学上的乘法运算规律相同，即：

$$0 \cdot 0 = 0 \quad 0 \cdot 1 = 0 \quad 1 \cdot 0 = 0 \quad 1 \cdot 1 = 1$$

实现与运算的电路称为"与"门，这种逻辑关系也可用电路符号表示，图6—27 为"与"逻辑符号。它既用于表示逻辑运算也用于表示相应的门电路。

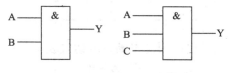

图6—27 "与"逻辑符号

实现与逻辑关系，只有当输入全是高电平时，输出才是高电平，否则输出为低电平。由此可总结为：与门逻辑功能为"全 1 出 1，有 0 出 0"。

二、"或"门电路

如图6—28所示电路，只要开关A、B中任意一个接通，灯Y就亮；只有当两个开关都断开，Y灭。这说明要使灯Y亮（结果），开关A、B就必须有一个或几个接通（只要一个或一个以上条件具备），这种逻辑关系称为"或"。

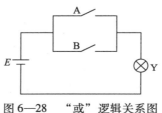

图6—28   "或"逻辑关系图

A、B表示条件（开关状态），Y表示结果（灯的状态）。若用符号"1"表示开关通和灯亮，"0"表示开关关和灯灭，可得表6—4的真值表。

表6—4   或逻辑真值表

条件		结果
A端输入电平	B端输入电平	Y端输出电平
0	0	0
1	0	1
0	1	1
1	1	1

这种逻辑关系也可用逻辑函数表达式表示为：

$$Y = A + B$$

式中"＋"读作"或"，上式读作"A或B"。

逻辑或又称逻辑加，这是因为它和数学上的加法运算规律相同，即：

$$0 + 0 = 0 \quad 0 + 1 = 0 \quad 1 + 0 = 0 \quad 1 + 1 = 1$$

实现或运算的电路"或"门，逻辑符号如图6—29所示。

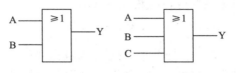

图 6—29   "或"逻辑符号

"或"逻辑关系，只有输入有一个是高电平（至少有一个条件具备或全部条件具备）时，输出就是高电平（事情就能发生），否则输出为低电平（条件都不具备，事情就不发生）。由此可总结为：或门逻辑功能为"全 0 出 0，有 1 出 1"。

三、"非"门电路

在图 6—30 中，开关 A 与灯 Y 关联，当开关 A 断开时，灯 Y 亮；当开关接通时，灯 Y 灭。这说明要使灯 Y 亮（结果），开关 A 总是呈相反的状态。这种逻辑关系称为"非"。

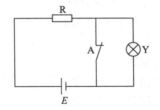

图 6—30   "非"逻辑关系图

A 表示条件（开关状态），Y 表示结果（灯的状态）。若用符号"1"表示开关通和灯亮，"0"表示开关断和灯灭，可得表 6—5 的真值表。

表 6—5   非逻辑真值表

条件	结果
A 端输入电平	Y 端输出电平
0	1
1	0

这种逻辑关系的逻辑函数表达式为：

$$Y = \overline{A}$$

式中"-"读作"非"或"反"。$\overline{A}$ 读作"A非"或"A反"。

逻辑或又称逻辑加，这是因为它和数学上的加法运算规律相同，即：

$$0 + 0 = 0 \quad 0 + 1 = 0 \quad 1 + 0 = 0 \quad 1 + 1 = 1$$

实现非运算的电路"非"门，逻辑符号如图6—31所示。

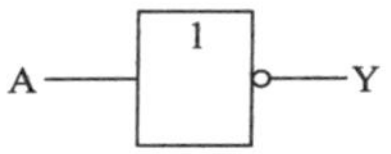

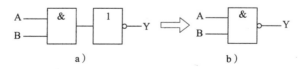

图6—31　"非"逻辑符号

功能分析："非"逻辑关系，当输入为低电平（条件不具备）时，输出就是高电平（事情就能发生），否则输出为低电平（条件具备，事情就不发生）。由此可总结为：非门逻辑功能为"有0出1，有1出0"。

四、复合逻辑门电路

上述三种门电路是最基本的逻辑门，将这三种门电路进行适当的组合就能构成各种复合门电路。

1．"与非"门

在"与"门之后接一个"非"门，就构成了"与非"门，其逻辑结构和逻辑符号如图6—32所示。

"与非"门的逻辑表达式为 $Y = \overline{AB}$。

图6—32　与非门的逻辑结构和逻辑符号

a）逻辑结构　b）逻辑符号

"与非"门的真值表见表6—6。

表6—6   "与非"门的真值表

条件		结果
A端输入电平	B端输入电平	Y端输出电平
0	0	1
0	1	1
1	0	1
1	1	1

由真值表可知，"与非"门的逻辑功能为："有0出1，全1出0"。

2．"或非"门

在"或"门之后接一个"非"门，就构成了"或非"门，其逻辑结构和逻辑符号如图6—33所示。

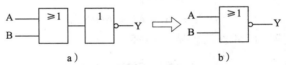

图6—33   "或非"门逻辑结构和逻辑符号

a）逻辑结构   b）逻辑符号

"与非"门的逻辑表达式为 $Y = \overline{A + B}$。

"与非"门的真值表见表6—7。

表6—7   "或非"门的真值表

条件		结果
A端输入电平	B端输入电平	Y端输出电平
0	0	1
0	1	0
1	0	0
1	1	0

由真值表可知，"或非"门的逻辑功能为："有 1 出 0，全 0 出 1"。

3．"异或"门

"异或"门由两个非门及一个或门组合而成，其逻辑结构和逻辑符号如图 6—34 所示。

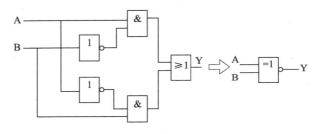

图 6—34　异或门逻辑结构和逻辑符号

"异或"门的逻辑表达式为：

$$Y = A\overline{B} + \overline{A}B = A \oplus B$$

"异或"门的真值表见表 6—8。

表 6—8　　　　　　　　　"异或"门的真值表

条件		结果
A 端输入电平	B 端输入电平	Y 端输出电平
0	0	0
0	1	1
1	0	1
1	1	0

由真值表可知，"异或"门的逻辑功能为："相同出 0，不同出 1"。

练 习 题

一、填空题（将正确答案写在横线上）

1. 物质按导电能力的强弱可分为_____、_____和_____三大类。

2. 电子技术的核心是半导体，它的三个特性是：_____、_____、_____。

3. 半导体中存在着两种载流子，其中带正电的载流子叫作_____，带负电的载流子叫作_____；N 型半导体中多数载流子是_____，P 型半导体中的多数载流子是_____。

4. PN 结具有_____性能，即加_____电压时 PN 结导通，加_____电压时 PN 结截止。

5. 二极管的主要特性是_____，二极管外加正向电压超过死区电压以后，正向电流会_____，这时二极管处于_____状态。

6. 晶体二极管的伏安特性可简单理解为正向_____，反向_____的特性。导通后，硅管的管压降约为_____，锗管的管压降约为_____。

7. 整流电路将交流电变为_____直流电。

8. 工作在放大状态的三极管，测得 $I_c = 2$ mA，$I_e = 202$ mA，则 $I_b = $ _____。

9. 二极管导通后，硅管管压降约为_____，锗管管压降约为_____。

10. 晶体三极管的 3 个电极分别为_____极、_____极和_____极。

11. 晶体三极管正常工作在放大状态，必须要求发射结加_____电压，集电结加上_____电压。

12. 为使放大电路中的晶体三极管能正常工作，必须给电路设置适当的_____。

13. 晶闸管又叫_____，其一旦导通，控制极就失去_____作用。

二、判断题（正确的画"√"，错误的画"×"）

1. 二极管具有单向导电性。（　　）

2. 晶体管电流放大系数 β 越大，说明该管的电流控制能力越强。所以晶体管的 β 值越大越好。（　　）

3. 晶闸管的控制极仅在触发晶闸管的导通时起作用。
（　　）

4. 晶闸管可理解为可控制的二极管。（　　）

5. 滤波电路中滤波电容越大滤波效果越好。（　　）

6. 门电路是一种具有一定逻辑关系的开关电路。（　　）

7. 非门电路有多个输入端，一个输出端。（　　）

三、选择题（将正确答案的代号写在括号内）

1. P 型半导体中空穴多于自由电子，则 P 型半导体呈现的电性为（　　）。

A. 正电　　　　B. 负电　　　　C. 电中性

2. 在二极管特性的正向导通区，二极管相当于（　　）。

A. 大电阻　　　B. 接通的开关　　C. 断开的开关

3. 当 PN 结两端加正向电压时，参加导电的是（　　）。

A. 多数载流子　　　　　　B. 少数载流子

C. 既有多数载流子又有少数载流子

4. 当环境温度升高时，半导体的电阻将（　　）。

A. 增大　　　　B. 减小　　　　C. 不变

5. 如果二极管的正、反向电阻都很大，则该二极管
（　　）。

A. 正常　　　　B. 已被击穿　　C. 内部断路

6. 当环境温度升高时，二极管的反向电流将（　　）。

A. 增大　　　　B. 减小　　　　C. 不变

7. 如果二极管的正、反向电阻都很小，则该二极管（　　）。

A. 正常　　　　B. 已被击穿　　C. 内部断路

8. 二极管的阳极电位是 20 V，阴极电位是 10 V，则该二极管处于（　　）。

A. 反偏　　　　B. 正偏　　　　C. 零偏

9. 稳压管（　　）。

A. 是二极管　　B. 不是二极管　C. 是特殊的二极管

10. 在单相半波整流电路中，如果负载电流为 20 A，则流经整流二极管的电流为（　　）A。

A. 9　　　　　B. 10　　　　　C. 20

11. 在电源变压器二次电压相同的情况下，半波整流电路输出电压是桥式整流电路的（　　）倍。

A. 2　　　　　B. 0. 45　　　　C. 0. 5　　　　D. 1

12. 在单相半波整流电路中，如果电源变压器二次侧感应电压为 50 V，则负载电压将是（　　）V。

A. 50　　　　　B. 22. 5　　　　C. 45

13. NPN 型和 PNP 型晶体管的区别是（　　）。

A. 由两种不同材料硅和锗制成　　B. 掺入杂质元素不同

C. P 区和 N 区的位置不同

14. 三极管的 I_{CEO} 大，说明其（　　）。

A. 工作电流大　　　　　　　　　B. 击穿电压高

C. 寿命长　　　　　　　　　　　D. 热稳定性差

15. 用直流电压表测得放大电路中某晶体管电极 1、2、3 的电位各为 $V_1 = 2$ V，$V_2 = 6$ V，$V_3 = 2.7$ V，则（　　）。

A. 1 为 E　2 为 B　3 为 C

B. 1 为 E　2 为 C　3 为 B

C. 1 为 B　2 为 E　3 为 C

D. 1 为 B 2 为 C 3 为 E

16. 晶体管共发射极输出特性常用一簇曲线表示，其中每一条曲线对应一个特定的（   ）。

A. i_C

B. U_{CE}

C. I_B

D. i_E

17. 在二极管特性的正向导通区，二极管相当于（   ）。

A. 大电阻   B. 接通的开关   C. 断开的开关

18. 二极管正向导通的条件是其正向电压值（   ）。

A. 大于 0 V

B. 大于 0.3 V

C. 大于 0.7

D. 大于死区电压

19. 晶体三极管的"放大"实质上是（   ）。

A. 将小能量放大成大能量

B. 将低电压放大成高电压

C. 将小电流放大成大电流

D. 用较小的电流变化去控制较大电流的变化

20. 交流电通过整流电路后，所得到的输出电压是（   ）。

A. 交流电压

B. 稳定的直流电压

C. 脉动的直流电压

21. 整流的目的是（   ）。

A. 将交流变为直流

B. 将正弦波变为方波

C. 将低频信号变为高频信号

D. 将直流信号变为交流信号

22. 在单相桥式整流电路中接入电容滤波后，输出直流电压将（   ）。

A. 升高   B. 降低   C. 保持不变

23. 数字电路用来研究和处理（   ）。

A. 连续变化的信号

B. 离散信号

C. 连续变化和离散信号均可

24. 在逻辑运算中，只有两种逻辑取值，它们是（　　）。

A. 0 V 和 5 V　　　　　　　　B. 正电位和负电位

C. 0 和 1

四、计算题

1. 如题图 6—1 所示，设 V 为理想二极管，反向电流为零。试求 I_V、U_V。

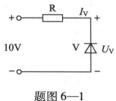

题图 6—1

2. 桥式整流电容滤波电路图如题图 6—2 所示。已知用交流电压表量得 $E_2 = 50$ V（有效值），现在用直流电压表测量 R_L 两端电压（记作 U_O）。

（1）如果 C 断开，求 U_0；

（2）如果 RL 断开，求 U_0；

（3）如果 V1 断开，求 U_0；

（4）如果电路完好，求 U_0。

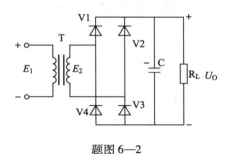

题图 6—2

单元练习题参考答案

第一单元

一、填空题

1. 路径
2. 电源　负载　导线　开关　通路　短路　断路
3. 30 C
4. 高　低
5. 负　正　电位升高
6. 使导体发热的现象
7. 6 Ω
8. 各负载上通过的电流相等　总电压为各分电压之和　总电阻为各分电阻之和
9. 各负载上通过的电压相等　总电流为各分电流之和　总电阻的倒数等于各分电阻倒数之和
10. 3 500
11. 50
12. 单位时间　P　瓦特（W）　$P = UI$　$P = I^2 R$　$P = \dfrac{U^2}{R}$
13. 60 C　60 J　1 W
14. 1:4　1:4　1:1　1:1　4:1　4:1
15. 62.86 V　157.14 V　2.5

二、判断题

1. √　　2. ×　　3. √　　4. ×　　5. ×　　6. ×

7. × 8. × 9. √ 10. × 11. × 12. ×

三、选择题

1. B 2. B 3. B 4. D 5. B 6. D 7. A

四、计算题

1. （1）以 A 为参考点：$V_A = 0$；$V_B = 3\text{ V}$；$V_C = 7.5\text{ V}$。

（2）以 B 为参考点：$V_A = -3\text{ V}$；$V_B = 0$；$V_C = 4.5\text{ V}$。

2. $R = 20\ \Omega$

3. 并联一个电阻值为 100 Ω 的电阻。

$U_R = I_g \cdot R_g = 500 \times 10^{-6} \times 200 = 0.1\text{ V}$

$I_R = 1\ 500 - 500 = 1\ 000\ \mu\text{A} = 1\text{ mA}$

$R = \dfrac{U_R}{I_R} = 100\ \Omega$

4. $R_1 = 29\text{ k}\Omega$，$R_2 = 270\text{ k}\Omega$，$R_3 = 2\ 700\text{ k}\Omega$

5. $U_{AB} = 5\text{ V}$

第二单元

一、填空题

1. 互相排斥 互相吸引

2. 力 特殊物质

3. 闭合曲线 N S S N 磁场方向

4. 磁场的强弱 方向 磁感线的切线

5. 磁感线的疏密程度 磁感应强度 面积

6. 磁通 面积 磁感线的切线

7. 切割磁感线 磁通 感应电动势 感应电流

8. 原磁通

9. 相同 相反

10. 法拉第电磁感应定律 楞次定律

11. 电流　自感现象

12. 自感磁通　磁通变化量　电流变化量

13. 电流　感应电动势

14. 互感线圈　电动势

二、判断题

1. √　2. √　3. ×　4. √　5. ×　6. √　7. √

8. ×　9. ×　10. ×　11. √　12. √　13. ×　14. √

三、选择题

1. A　2. A　3. D　4. C　5. C　6. D

四、判别题

略。

第三单元

一、填空题

1. 大小和方向　正弦　非正弦

2. 最大值　角频率　初相位　最大值　角频率　初相位

3. 14.4 A　50 Hz　$\pi/6$　7.2 A

4. $\dfrac{\pi}{2}$　90°

5. $50\sqrt{2}$　$70.7\sin(314t - \pi/4)$

6. 三相　单相

7. 最大值的先后次序　L1　L2　L3

8. 相电压　相等　线电压　$\sqrt{3}$　30°

9. 相线　端线

10. 三角形

11. 相线　中线

12. 相线　相线　中线

二、判断题

1. √ 2. × 3. √ 4. × 5. × 6. ×

7. × 8. √ 9. × 10. √

三、选择题

1. B 2. C 3. B 4. D 5. A

四、计算题

（1）电路的阻抗

$$|Z| = \sqrt{R^2 + (X_L - X_C)^2} = 20 \ \Omega$$

（2）$i = 2\sqrt{2}\sin\left(314t + \dfrac{\pi}{6}\right)$

$u_R = 20\sqrt{6}\sin\left(314t + \dfrac{\pi}{6}\right)$

$u_L = 20\sqrt{2}\sin\left(314t + \dfrac{2}{3}\pi\right)$

$u_C = 40\sqrt{2}\sin\left(314t - \dfrac{\pi}{3}\right)$

（3）$P = 40\sqrt{3}$ W $\quad Q = 40$ var $\quad S = 80$ V · A

（4）以电流 I 为参考矢量

$I = 2$ A $\quad U_R = 20\sqrt{3} \quad U_L = 20$ V $\quad U_C = 40$ V

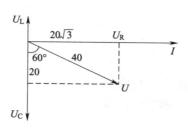

第四单元

一、填空题

1. 定子绕组 三相交流电 机械 电能 直流 交流 定子 转子 旋转磁场 转矩

2. 频率 大小

3. 冷却 绝缘性能

4. 磁路 电路 一次 二次

二、判断题

1. √ 2. √ 3. √ 4. √ 5. √ 6. ×

7. √ 8. × 9. × 10. √ 11. √ 12. ×

13. × 14. √

三、选择题

1. A 2. B 3. C 4. B 5. A 6. B

7. A 8. B 9. B 10. A

第五单元

一、填空题

1. 短路

2. 储能分合闸 机械联锁

3. 短路保护 串联 熔体

4. 主令电器

5. 启动按钮 停止按钮

6. 自动 非自动

7. 电磁系统 触头系统 辅助部件

8. 主电路　辅助电路

9. 点动控制

10. 开　关

11. 过载　短路

12. 开　关　SB

13. 控制

14. 主

15. 碰撞操作头

16. 过载保护装置

二、判断题

1. ×　　2. √　　3. √　　4. √　　5. ×　　6. √

7. √　　8. √　　9. √　　10. √　　11. √　　12. √

13. √　　14. √　　15. ×　　16. ×　　17. ×　　18. ×

19. ×　　20. √　　21. √

三、选择题

1. C　　2. B　　3. B　　4. C　　5. A　　6. B

7. A　　8. B　　9. C　　10. A　　11. C　　12. AB

13. B　　14. D　　15. B　　16. B

四、问答题

略。

第六单元

一、填空题

1. 导体　绝缘体　半导体

2. 掺杂特性　热敏特性　光敏特性

3. 空穴　自由电子　自由电子　空穴

4. 单向导电　正向　负向

5. 单向导电　迅速增大　导通

6．导通　截止　0.7 V　0.3 V

7．脉动的

8．200 mA

9．0.7 V、0.3 V

10．基、发射、集电

11．正向　反向

12．静态工作点

13．晶闸管　控制

二、判断题

1．√　2．×　3．√　4．√　5．×　6．√

7．×

三、选择题

1．C　2．B　3．A　4．B　5．C　6．A

7．B　8．B　9．C　10．C　11．C　12．B

13．C　14．D　15．B　16．C　17．B　18．A

19．D　20．C　21．A　22．B　23．B　24．C

四、计算题

1．解：因二极管反偏截止，电流 $I_v = 0$，$U_v = 10$ V

2．解：

（1）如果 C 断开，是桥式整流电路，$U_0 = 0.9E_2 = 0.9 \times 50$ V = 45 V

（2）如果 R_L 断开，相当于开路，$U_0 = \sqrt{2}E_2 = 1.414 \times 50$ V = 70.7 V

（3）如果 V1 断开，相当于半波整流电容滤波电路，$U_0 = E_2 = 50$ V

（4）如果电路完好，是桥式整流电容滤波电路，$U_0 = 1.2E_2 = 1.2 \times 50$ V = 60 V

培训大纲建议

一、培训目标

通过培训，培训对象可以掌握初级维修电工必备的基础知识。

1. 掌握直流电路的基本概念。

2. 了解磁场的基本物理量及性质，掌握电磁基本知识。

3. 掌握交流电路的基本知识。

4. 掌握常用电工仪表的使用方法及注意事项。

5. 掌握安全用电的基本常识。

6. 掌握常用变压器的结构和主要参数。

7. 掌握三相异步电动机的结构、原理和电动机的基本控制电路。

8. 掌握常用低压电器的种类、结构及用途。

9. 了解电子技术的基本知识。

二、培训课时安排

总课时数：90 课时

理论课时数：64 课时

操作技能课时：26 课时

具体课时分配见下表。

培训内容	理论知识课时	操作技能课时	总课时	培训建议
第一单元　直流电路的基本知识	10	8	18	重点： 1. 部分电路及全电路的欧姆定律

培训内容	理论知识课时	操作技能课时	总课时	培训建议
模块一 电路的基本物理量	2		2	2．电阻串并联的应用 3．电功、电功率及电流的热效应、负载额定值的概念 难点： 电功率、热效应的计算。 建议：本部分内容可以根据实际情况选择讲解
模块二 欧姆定律	2	2	4	
模块三 电阻的连接	4	4	8	
模块四 电功与电功率	2	2	4	
第二单元 电磁基本知识	10	2	12	重点： 1．磁的基本知识，判断电流产生磁场的方向 2．法拉第电磁感应定律的内容 难点： 1．自感、互感现象 2．判断同名端 建议：结合试验和多媒体等教学手段，帮助学员理解相对抽象的概念
模块一 电流的磁场	2		2	
模块二 磁场对电流的作用	2		2	
模块三 电磁感应	6	2	8	
第三单元 交流电路基本知识	10	6	16	重点： 1．交流电的三要素，三个单相交流电路的特点 2．Y、D联结相电压与线电压之间的关系，相电流与线电流之间的关系 难点： 交流电路的功率、功率因数 建议：详细讲解三相正弦交流电路知识
模块一 交流电的基本概念	4	2	6	
模块二 单相交流电路	4		4	
模块三 三相交流电路	2	4	6	

培训内容	理论知识课时	操作技能课时	总课时	培训建议
第四单元 电动机与变压器	8	4	12	重点： 1. 三相异步电动机的结构和主要参数 2. 变压器的基本结构、绕组极性的测定 建议：在电工实习车间完成本部分教学
模块一 三相异步电动机	4	2	6	
模块二 变压器	4	2	10	
第五单元 常用低压电器及电气控制电路	10	4	14	重点： 1. 接触器和继电器的结构 2. 识读电气控制电路图的原则 难点： 1. 接触器的接线 2. 热继电器、时间继电器的安装、常见故障的维修方法 3. 双重联锁的正反转控制线路 建议：在电工实习车间完成本部分教学
模块一 常用低压电器	4		4	
模块二 三相异步电动机的控制电路	6	4	10	
第六单元 电子技术基础知识	16	2	18	重点： 1. 二极管三极管的结构和工作原理 2. 单项整流滤波电路的工作原理 3. 简单稳压电路的工作原理 4. 晶体三极管的电流放大作用 5. 简单的门电路 建议：讲解各种元器件的同时，多进行测量练习
模块一 晶体二极管及整流电路	4			
模块二 硅稳压管及稳压电路	2			
模块三 晶体三极管	4	2		
模块四 晶闸管基本知识	2			
模块五 简单逻辑电路	6			
总 计	64	26	90	